科/普/经/典 成/才/宝/典

中国科普作家协会 鼎力推荐

星星离我们有多远

卞毓麟◎著

长江出版传媒 长江少年儿童出版社

《少儿科普名人名著书系（典藏版）》编委会

打开“科学阅读”这扇窗

成长中不能没有书香，就像生活里不能没有阳光。

阅读滋以心灵深层的营养，让生命充盈智慧的能量。

伴随着阅读和成长，充满好奇心的小读者，常常能够从提出的问题及所获得的解答中洞悉万物、了解世界，在汲取知识、增长智慧、激发想象力的同时，也得以发掘科学趣味、增强创新意识、提升理性思维，获得心智的启迪和精神的享受。

美国科学家、诺贝尔物理学奖获得者理查德·费曼晚年时曾深情地回忆起父亲给予他的科学启蒙：孩提时，父亲常让费曼坐在他腿上，听他读《大不列颠百科全书》。一次，在读到对恐龙的身高尺寸和脑袋大小的描述时，父亲突然停了下来，说：“我们来看看这句话是什么意思。这句话的意思是，它是那么高，高到足以把头从窗户伸进来。不过呢，它也可能遇到点麻烦，因为它的脑袋比窗户稍微宽了些，要是它伸进头来，会挤破窗户的。”

费曼说：“凡是我们读到的东西，我们都尽量把它转化成某种现实，从这里我学到一种本领——凡我所读的内容，我总设法通过某种转换，弄明白它究竟是什么意思，它到底在说什么……当然，我不会害怕真的会有那么个大家伙进到窗子里来，我不会这么想。但是我会想，它们竟然莫名其妙地灭绝了，而且没有人知道其中的原因，这真的非常、非常有意思。”可以想见，少年费曼的科学之思就是在科学阅读之中、在父亲的启发之下，融进了自己的大脑。

DNA 结构的发现者之一、英国科学家弗朗西斯·克里克的父母都没有科学基础，他对于周围世界的知识，是从父母给他买的《阿森·米儿童百科全书》获得的。这一系列出版物在每一期中都包括艺术、科学、历史、神话和文学等方面的内容，并且十分有趣。克里克最感兴趣的是科学。他吸取了各种知识，并为知道了超出日常经验、出乎意料的答案而洋洋得意，感慨“能够发现它们是多么了不起啊！”

所以，克里克小小年纪就决心长大后要成为一名科学家。可是，渐渐地，忧虑也萦绕在他心头：“等到我长大后（当时看来这是很遥远的事），会不会所有的东西都已经被发现了呢？”他把这种担心告诉了母亲，母亲安抚他说：“别担心！宝贝儿，还会剩下许多东西等着你去发现呢！”后来，克里克果然在科学上获得了重大发现，并且获得了诺贝尔生理学或医学奖。

一个人成长、发展的素养，通常可以从多个方面进行考量。我认为，最核心的素养概略说来是两种：人文素养与科学素养。

前些年在新一轮的课标修订中，突出强调了一个新的概念——“核心素养”。

什么是“核心素养”？即学生在接受相应学段的教育过程中，逐步形成的适应个人终身发展和社会发展需要的基本知识、必备品格、关键能力和立场态度等方面的综合表现。核心素养不等同于对具体知识的掌握，但又是在对知识和方法的学习中形成和内化的，并可以在处理各种理论和实践问题过程中体现出来。

这里，我们不从学理上去深究那些概念。我想着重指出的是：

少年儿童接受科学启蒙意义非凡。单就科学阅读来说，这不仅事关语言和文字表达能力的培养，而且也与科学素养的形成与提升密切相连。特别是，通过科学阅读，少年儿童的认知能力、想象能力和创造能力等都能得到滋养和发展，可为未来的学习打下良好的智力基础。

现代素质教育十分看重孩子想象力和创造力的培育。国家领导人也发出号召：要让孩子们的目光看到人类进步的最前沿，树立追求科学、追求进步的志向；展开想象的翅膀，赞赏创意、贴近生活、善于质疑，鼓励、触发、启迪青少年的想象力，点燃中华民族的科学梦想。

想象力、创造力的形成和发展，又与科学思维密切相关。早在一个世纪之前的1909年，美国著名教育家约翰·杜威就提出，科学应该作为思维方式和认知的态度，与科学知识、过程和方法一道纳入学校课程。长期以来，人们一直也希望孩子们不仅要学习科学知识与技能，掌握科学方法，而且还要内化科学精神和科学价值观，理解和欣赏科学的本质，形成良好的科学素养。

在所有的课程领域中，科学可能是发现问题和解决问题之重要性的最为显而易见的一个领域。科学对少年儿童来说具有其特殊的作用，因为可以从生活与自然中很巧妙地利用孩子们内在的好奇心和生活经历来了解周围世界。

在今天的学校里，大多都设置了科学课程，且其重点和目标也由过去的强调传授基础知识和基本技能，转向了对科学研究过程的了解、情感态度和价值观以及科学素养的培养，以期为孩子们后续的科学学习、为其他学科的学习、为终身学习和全面发展打下基础。

除学校的科学课程之外，孩子们了解科学，通常主要是在家长的引导下开展科学阅读。这无疑也是培养少年儿童科学兴趣并提升其科学素养的一条有效途径，家长们应该予以重视，不要以为孩子们在学校里上了科学课，科学的“营养”就够了。著名教育家朱永新曾经把教科书形容为母乳，并总结出读书的孩子可以分为四种，值得我们深思：

一种既不爱读教科书，又不爱读课外书，必然愚昧无知；

一种既爱读教科书，又爱读课外书，必然发展潜力巨大；

一种只读教科书，不读课外书，发展到一定阶段必然暴露自身缺陷和漏洞；

一种不爱读教科书，只爱读课外书，虽然考试成绩不理想，但是在升学、就业受阻后，完全可能凭浓厚的自学兴趣，另谋出路。

这番总结似可昭示我们，阅读能力更能准确地预测一个人未来的发展走向，同时也显出了课外阅读的重要性。这样看来，读物的选择与阅读的引导就非常关键了。

“昨天的梦想，就是今天的希望和明天的现实。”许多成就卓著的科学家和科技工作者，都是在优秀的科普、科幻作品的熏陶与影响下走进科学世界的。好的科学读物可以有效地引导科学阅读，激发读者的好奇心和阅读兴趣，乃至产生释疑解惑的欲望，进而追求科学人生，实现自己的梦想。

为致敬经典、普及科学，2009年长江少年儿童出版社在中国科普作家协会的指导和支持下，精心谋划组织，隆重推出了“少儿科普名人名著”书系，产生了广泛的社会影响：入选国家新闻出版总署2009年（第六次）向全国青少年推荐的百种优秀图书、荣获第二届中国出版政府奖图书奖。此次全新呈现的典藏版，除了收录老版本中的经典作品外，还将甄选一批优秀的科普作品纳入，丰富少儿读者的阅读。

书页铺展开我们认识世界的一扇扇窗，也承载我们的梦想起航。愿书系的少年读者们，在阅读中思考，在思考中进步，在进步中成长！

尹传红

Contents · 目录

序　　曲

“天上的市街”[①]

朋友，您吟诵过这样一首诗吗——

远远的街灯明了，
好像是闪着无数的明星。
天上的明星现了，
好像是点着无数的街灯。

---

① 天上的市街：此处所录系本诗1922年首次发表时的原题原文。20世纪50年代初的课本编者出于某些原因，曾征得郭沫若先生本人同意，将标题中的“市街”改为“街市”，现行七年级语文教材亦保留这一改动。但在郭沫若先生亲自审定的文集中，仍将篇名保留为《天上的市街》。1980年《星星离我们多远》成书时照引《天上的市街》原名，沿用至今。

我想那缥缈的空中，
定然有美丽的街市。
街市上陈列的一些物品，
定然是世上没有的珍奇。

你看那浅浅的天河，
定然是不甚宽广。
我想那隔河的牛女，
定能够骑着牛儿来往。

我想他们此刻，
定然在天街闲游。
不信，请看那朵流星，
是他们提着灯笼在走。

这首白话诗，作于1921年。其高远的意境，丰富的想象，纯朴的言语，浪漫的比拟，冲破了日益衰颓的旧文化的桎梏，体现出一代新风。它的题目，叫作《天上的市街》。

这首白话诗的作者，当时还是一位不满30岁的青年。他才气横溢，风华正茂。不多年间，他的名字便传遍了海北天南。他，就叫郭沫若。

古往今来，夜空清澈，群星争辉。多少人因之浮想联翩，多少人为之向往入迷啊！我们要谈的，正是这天上的星星；要谈的，是它们离人间有多远。或许，可以这样说吧：我们将要告诉读者，郭老诗中的“天上的市街”究竟远在何方呢？

诗中写到了天河，写到了牛郎织女，我们就从这谈起吧。

星座与亮星

千百年来，牛郎织女的故事一直脍炙人口。初秋晴夜，银河高悬，斜贯长空。银河，有许多别名。在西方，它叫作“乳汁之路”（The Milky Way）；在我国古代，它又叫银汉、星河、银潢、天河……天河两岸，很容易找到“牛郎”和“织女”，它们是两颗很亮的星。牛郎在河东，又名“河鼓二”。它的两旁，各有一颗稍暗的星。三星相连，形如扁担。牛郎居中，两端宛如一副箩筐，所以它们又合称为“扁担星”。据说，每年农历七月初七，牛郎就将他的两个娃娃放在箩筐里，挑起扁担，去与织女“鹊桥相会”啦！织女在河西，与牛郎以及自己的孩子遥遥相望。她的近旁有四颗星构成了一个平行四边形，宛如织布用的梭子一般，它正是织女的劳动工具。另外还有一种传说：就在牛郎星附近有着五颗小星，中国古称“匏瓜五星”，其中一、二、三、四这四颗星连贯起来组成一个菱形，很像一个织布的梭子。它是织女为了表达自己的情思而抛给牛郎的，因此民间便称它为“梭子星”。天河之中，牛郎织女之间，有六颗亮星组成一个巨大的“十”字。请看图1，如果我们将它想象为神话中的“鹊桥”，那岂不是既很自然又很有趣吗？

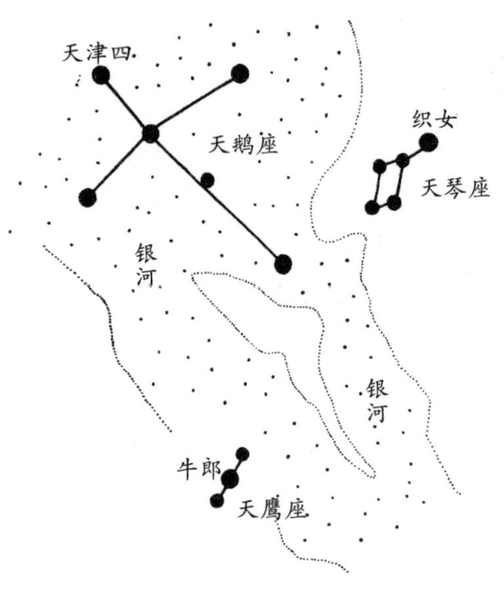

图 1　牛郎星、织女星和有关星座

世界上各个古老的民族，都以其长着翅膀的丰富想象力，驰骋在天上人间。他们对同样的星空，孕育和产生了大不相同却又同样妙趣横生的神话传说。上面提到的那个大“十”字，古代欧洲人将它想象成一只展翅翱翔的天鹅。因此，它所在的那个星座就被叫作“天鹅座”。这个大“十”字，因为出现在北半天空上，西方人又将它称为“北天十字架”，简称“北十字”。

什么是星座呢？简而言之，古人为了更方便地辨认星空，就用种种想象中虚拟的线条，将天上较亮的那些星星分群分组地联结起来，这些星群便称为“星座”。人们又以更加丰富的想象力，让一群群星与许多神奇的故事挂上钩。因此，诸星座最古老的名称通常都溯源于古老的神话与传说(图 2)。

图 2　在充满神话形象的星图上，北半球的天空仿佛成了一个巨大的动物园

世界上最早划分星群的，也许是苏美尔人。他们生活在美索不达米亚平原两河流域的下游，如今属于伊拉克的地方。大概在公元前 4000 年，他们便在辨认星空时将群星“分而治之”了。他们在公元前 3000 年左右已经创建了一套书写系统，用文字记下自己的历史。那时，他们也开始系统地注意行星的运动。倘若将苏美尔人的观测当作人类系统观测天象的开端，那么这种世代相传的天文观测绵延至今便已有 6000 年之久。

在这漫长的岁月中，星座的概念有了极大的发展。演变到公元 2 世纪，经过古希腊天文学家的详细描述，北天 40 个星座的雏形便大体确定下来。至于南天的 48 个星座，那是 17 世纪后通过航海家和天文学家们的系统观察才逐渐定型的。由于近代科学的启蒙与发展，南天星座中便夹杂着用科学仪器命名的名称，例如显微镜座、六分仪座、罗盘座、望远镜座等；而北天星座的名称则依然充满着古老神话的色彩：仙女座、仙后座、武仙座、飞马座、天鹅座……

现代对星座的划分，建立在更精确的基础上。国际上统一地将整个天空划分成大小不等的 88 个区域，每个区域便是一个星座，它们犹如地球上大大小小的许多国家。每个星座中都有许多星星，恰似一个国家中有许多城市和村镇一般。牛郎星是“天鹰座”中最亮的星星，按国际统一称呼，它就叫“天鹰α”。α（阿尔法）乃是希腊文中的第一个字母。织女星是“天琴座”中最亮的星，所以称为“天琴α”。同样，天鹅座中最亮的星就叫“天鹅α”，它就在那只大天鹅的尾巴上，所以阿拉伯人又叫它“戴耐布”（Deneb），意为“天鹅之尾”。我国人民自古以来一直叫它“天津四”。图 3 中还标出另一些星星的名字：天鹅座中的β（贝塔）、γ（伽马）、δ（德尔塔）、ε（艾普西隆）、ζ（泽塔）和η（伊塔）等，它们分别用希腊文中的第二至第七个字母表示。

图 3　天鹅座，天津四和天鹅 61 星

一个星座中的星星是很多的，而希腊字母只有24个，每颗星用掉一个字母，用完了又怎么办呢？不要紧，用完了可以接着用拉丁字母；拉丁字母用完后，还可以干脆给星星编上号，例如图3中的天鹅61星便是这样。或者，还可以给星星专门列出一份份“花名册”，它们称为“星表”。在星表中给每一颗星指定一个号码，这也就是它的名字了，比如天鹅61。实际上，天鹅61是一个双星系统，由两颗互相绕转的恒星组成；这两颗星中的每一颗，都称为该双星系统中的一颗“子星”，它们的名字分别叫天鹅61A和天鹅61B。同时，这两颗星在“HD星表”中的编号分别为201091和201092，故又称HD201091和HD201092。这里，HD乃是美国天文学家亨利·德雷珀（Henry Draper，1837—1882）姓名的首字母缩写。

中国古代经常使用“星宿”这个名称。“二十八宿”更是古典小说中常常跃然纸上的话题。从天文学的角度来看，星宿与星座没有什么实质性差别，只不过前者是中国古代习用的术语，代表中国古人划分星群的方法。星座则是起源于西方，是现在已为全世界广泛采用的另一种划分星空的方式。

可是，美妙的星座，灿烂的群星啊，你们究竟离我们有多远呢？

这是一个曲折动人而又绵长的故事。亲爱的读者，下面让我们来看看古人是怎样想的吧。

大地的尺寸

首次估计地球的大小

在很久很久以前，人们无疑发现“天”是很远的。因为，无论你站在地上，爬到树上，还是攀至山巅，天穹总是显得那么高，日月星辰始终是那么远。有什么办法知道星星的距离呢？

那时，人们以为地球就是宇宙的中心，以为太阳、月亮、行星和恒星都绕着地球转。人们以为所有的恒星都镶嵌在一个透明的球（也许是个硕大无朋的水晶球）上，这个球就叫作“恒星天球”，或者叫作“恒星天”。人们对恒星天的距离有过种种猜测，就像对“月亮天”“太阳天”“水星天”……的距离有过种种猜测一样。

古希腊有一位聪明的哲学家和数学家，名叫毕达哥拉斯（Pythagoras，约前 580—约前 500）。他发现在直角三角形中，两直角边的平方之和恰好就等于斜边的平方。学过初等几何的人都知道，这正是“勾股定理”，西方人称之为“毕达哥拉斯定理”。他和他的弟子们自成学派，崇尚唯美主义。他们认为宇宙是极其美妙和谐的，这种和谐美的表现之一便是八重天的高度恰好与八度音的音高成正比。这种想法在今天看来显得有些可笑，但对 2000 多年前的古人来说，却是对“星星离我们有多远”的一种猜测，尽管它不免染上了一些神秘色彩。

我国古籍《列子·汤问》篇中有一个著名的故事，叫作“两小儿辩日”。其中一个小孩说早晨的太阳离我们更近些，因为它看起来较大；另一小孩则说中午的太阳离大地更近，因为它比早晨的太阳热得多。他俩当然不知道太阳究竟有多远，可是“太阳的远近”这个问题提出来了。

测量地球这个天体本身的大小，则是估算天体绝对尺度的第一级入门之阶。那已经是 2200 多年前的事情了。公元前 240 年前后，当时世界上最先进的科学机构——埃及的亚历山大城图书馆，有一位名叫埃拉托色尼（Eratosthenes，约前 276—约前 194）的馆长。他思索着这样一个事实：6 月 21 日这天正午，太阳在塞恩城（现代埃及的阿斯旺）正当头顶，但在塞恩城北面 5 000 希腊里（1 希腊里=158.5 米）的亚历山大城，这时的太阳却不在头顶（图 4）。在那儿，阳光对铅垂线倾斜了一个小小的角度 z，这个角度正好等于一个圆周的 1/50（7°多一些）。埃拉托色尼认识到，造成这种差异的原因必定是由于地面的弯曲。既然经过从塞恩城到亚历山大城的这 5 000 希腊里（约 792 千米），地球表面弯曲了一个圆周的 1/50，那么整个地球的周长应该是多少希腊里，或者多少千米呢？

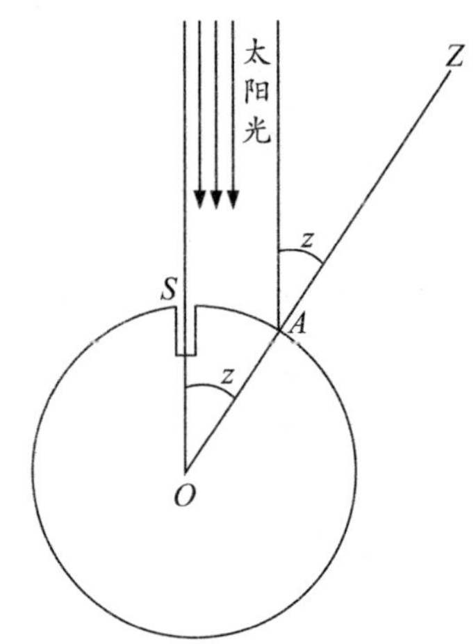

图 4　埃拉托色尼测量地球周长的方法

图中 *S* 代表塞恩城，*A* 代表亚历山大城

当然，这里有一个前提，那就是古希腊人接受大地呈球形这一观念。从唯美的信念出发，球形也是所有形体中最匀称最完美的构形。

对埃拉托色尼来说，这样的数学问题真是太简单了。今天一位聪明的小学生就能算出它的答案，结果是：地球的周长为 792 × 50=39 600（千米），地球的直径则为 12 700 千米。它与今天用现代技术测量的结果接近得真是令人吃惊。如今，人们知道地球的直径是 12 742 千米，周长则约为 40 000 千米。

可惜，古希腊人并未普遍接受埃拉托色尼关于地球大小的这个准确数值。大约在公元前 100 年，另一位古希腊天文学家波西冬尼斯（Posidonius，约前 135—约前 50）用同样的方法重复了埃拉托色尼的工作。他在测量中利用的不是太阳，而是老人星（船底α）。他不如埃拉托色尼测得那么准确，得到的地球周长仅为18万希腊里，约28 800千米。

结果，从古希腊最后一位杰出的天文学家托勒玫（Claudius Ptolemaeus，约90—168）直到发现新大陆的哥伦布（Christopher Columbus，约1451—1506），都采用了波西冬尼斯这一过于小的数字。只是到了麦哲伦（Ferdinand Magellan，约1480—1521）船队的幸存者们历尽艰难险阻，终于在1522年环绕地球一周回到欧洲后，才纠正了这一错误。

不过，在麦哲伦之前800年，在欧亚大陆的另一端，就进行了世界上第一次大规模的子午线实地测量。

第一次丈量子午线

子午线，就是地球上通过南北两极的大圆，也叫“经度圈”。从地球的赤道算起，沿着子午线向南北各走90°，就到了南北极。从南极到北极的半个大圆是180°，因此只要测出每一度的长短为多少千米，那么乘上360之后，就得到整个地球的周长了。

世界上第一次子午线实测工作，是在我国唐朝时进行的。唐代有不少学识渊博的高僧。他们之中不仅有西天取经的玄奘，东渡日本的鉴真，还有著名的天文学家一行（683—727）。一行原名张遂，是河南南乐县人。他的曾祖父原是唐太宗李世民的功臣，但在武则天执政时代，张氏家族因政治原因而衰落了。张遂从小刻苦自学，青年时代已成为长安城中的知名学者。他为了躲避武三思的拉拢而剃发，出家于嵩山寺，法名一行。

一行翻译过佛经多种，后来成为佛教中的一派——密宗的一位领袖，即世称的密宗五祖之一。日本有几座著名古庙，至今还收藏着唐人李真绘的一行像摹本多种。1973年，中国出土文物展览代表团赴日，带回它们的照片。李真的原作现由日本京都府教王护国寺珍藏，被日本政府定为“国宝”（图5）。

图5 一行像（日本兵库净土寺藏唐人李真画摹本）

公元717年，一行35岁时，唐玄宗派专人接他回到长安。一行的一生，对天文学做出了许多重要贡献。他的成就遍及历法、天文仪器、大地测量等许多方面。其中，我们最感兴趣的是：

从公元724年起，一行发起并领导了全国性的天文大地测量。唐代政府当时执掌天文的职官称为太史丞，在河南进行的那组最重要的观测就由太史丞南宫说负责。那次测量的规模很大，在河南省的四个地方测量了夏至时刻的日影长度、当地北天极的地平高度，以及这四个地方之间的距离。最后由一行归算定出:北极高度每差一度,南北两地间便相距 351 里 80 步。现代天文学家通过考证,将唐代计量单位转换为如今常用的单位,可得知一行的上述结果相当于子午线每 1°弧长为 131.11 千米。

这个结果虽然不十分精确,约比现代准确数值大 20%,但它却是世界史上第一次子午线实测。在没有现代化精密仪器的 1200 多年以前,完成如此复杂的测量和计算,实在是难能可贵的。国外首次实测子午线是由阿拉伯帝国阿拔斯王朝哈里发马蒙主持在美索不达米亚平原进行的,那时一行已去世一个世纪了。

那么,近代对子午线每度的弧长又是怎样测量的呢?

三角网和大地的模样

在图 6 甲中,需要测量子午线上相差 1°的两点 A、B 之间的距离。但是,它们之间有山有树又有建筑物,再加上地球表面的弯曲,几千米外便是地平线,所以,A、B 两地是不能互相直接看见的。测量必须迂回进行。

我们可以在图 6 甲中的 a、b、c……各处立下标杆,组成一个“三角网”。立标杆的要求是:

(1)站在每一根标杆处都可以看到相继的两根:在 A 处可以看见 a 和 b;在 a 处又可以看见 b 和 c;在 b 处可以看见 c 和 d……

(2)第一条直线 Aa 的长度可以用很准的尺直接量出来,它是整个测量工作的基础，因此称为“基线”。

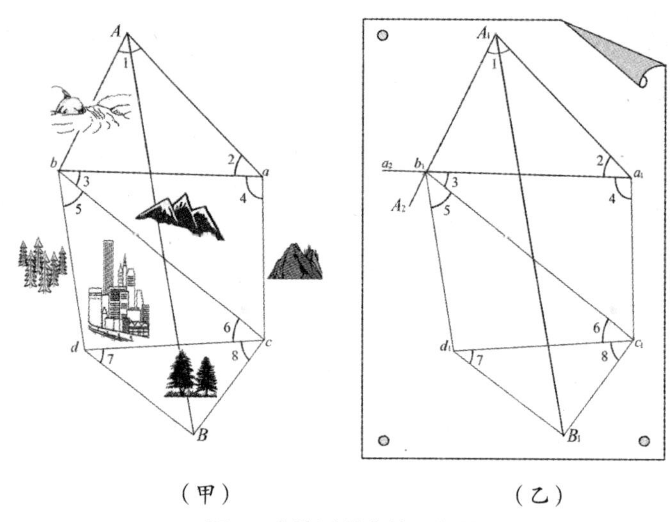

图6　大地测量中的三角网

（甲）三角网　（乙）按比例缩小后作图

测量就从第一个△*Aab*开始。我们知道，在一个三角形中只要知道一条边的长度和两只角的大小，就可以把另外两条边的长度求出来。这是平面几何学或平面三角学中最简单、最基本的问题。

在△*Aab*中，*Aa*的长度可以直接用尺量出来；测量它的两个角也是轻而易举的。例如，可以在*A*点先用测量仪器瞄准*a*处的标杆，再将仪器转动一下进而瞄准*b*处的标杆，于是仪器转过的角度便是∠*aAb*（图6甲中用∠1来表示它）。同样，可以跑到*a*点，测出∠*Aab*(图6甲中用∠2来表示)的角度大小。

于是，在△*Aab*中知道一条边*Aa*的长度和两个角(∠1和∠2)的大小，就立即可以算出*Ab*和*ab*的长度了。

当然,我们也可以换个方法来做。对于不喜欢计算的读者(对现代精密科学而言,懒于计算可不是好习惯),我们可以直接按比例作图。比如,拿一张白纸,在它上面随便点上一个点A_1。从A_1开始任意画一条直线A_1a_1(图 6 乙),要求它的长度比刚才量出的Aa(比如说,它是 2 千米吧)缩小若干倍——假定它缩小 1 万倍,那么A_1a_1的长度就是 20 厘米。再画一条通过A_1的直线A_1A_2,使$\angle a_1A_1A_2$的大小就等于原先测量的$\angle 1$(例如,它是 60°)。

接下来,我们再通过a_1画一条直线a_1a_2,使$\angle A_1a_1a_2$等于原来测量的$\angle Aab$,即$\angle 2$(例如,它是 50°),直线A_1A_2和a_1a_2相交于b_1处。现在,用米尺量出A_1b_1的长度(为 16.3 厘米),将它重新放大 1 万倍(这正是刚才作图时缩小的倍数),就知道Ab的实际距离是 1.63 千米了。同样,还可以知道ab的距离是 1.84 千米。

不过,当我们需要很高的精确度(例如,需要五位、六位甚至更多位的准确数字)时,作图的方法就不能适用了。这时,仍然必须进行严格的计算。

总之,不论用什么方法,我们现在已经知道ab的长度。于是,测量工作可以转移到图 6 甲中的第二个$\triangle abc$中进行了。在这个三角形中,现在已经知道ab的长度,我们将它作为基线,再测量一下$\angle abc$(即图 6 甲中的$\angle 3$)和$\angle bac$(即图 6 甲中的$\angle 4$)的大小,就又可以算出ac和bc之长。

接着,又在$\triangle bcd$中,将bc作基线,再测出$\angle 5$和$\angle 6$的大小,便可得bd和cd之长。最后,在$\triangle cdB$中,基线cd之长已经求得,测量一下$\angle 7$和$\angle 8$,就知道cB和dB的长。根据上面量出、测出和求出的所有角度和线段，按一定比例将整个图形画在纸上，便可以从图上直接量出AB的长度了。当然，我们再重复一遍，要想得到AB之间距离的精确数值，还得进行计算，仅仅靠作图是不够的。

这样测量的结果是：地球上子午线每一度的弧长是111.13千米，即从赤道到两极的距离是10 002千米。整个子午线的长度则为它的4倍，即为40 008千米。

200多年前，欧洲人进行的一些测量已经初步表明，地球并不是正圆形的，而是沿赤道方向稍“胖”一些，沿两极方向稍扁些。后来，这一结论又不断被种种更精确的测量所证实。

现代测量地球的形状和大小，除了用上述大地测量学的方法以外，还有所谓的“重力测量法”，以及利用人造地球卫星的“地球动力学测地法”。各种方法的联合使用，已经使测量结果的精确程度大大提高。目前世界上采用的数据是：地球的赤道半径$a=6\,378.137$千米，极半径$c=6\,356.752$千米。人们常常谈论地球的平均半径，它的定义是：

$$R_{地}=\sqrt[3]{a^2c}\approx 6\,371.0\text{ 千米}$$

人们还经常用f表示地球的“扁率”：

$$f=(a-c)/a=1/298.256$$

也就是说，两极半径只比赤道半径短了1/300左右。

总之，人类目前已经相当精确地知道自己的摇篮——地球的大小和模样。而且，还一步步弄清它不仅是个扁球体，还更像一个“梨”状的旋转体。人造卫星的观测表明，地球赤道本身也不是正圆形的，而是一个椭圆。不过，赤道上的最大半径比最小半径只长了100米左右。所以,地球实际上更近乎是一个三轴椭球体。

总的说来,地球毕竟还是相当圆的一个大球。倘若把地球的直径缩小1 000万倍,做出一个模型,那么它的赤道就是一个半径为63.78厘米的圆,两极半径则是63.57厘米。用肉眼来看,根本不能发现它是扁的,你一定会以为它就是一个地地道道的大圆球呢!

现在,我们可以跨出自己的"家门",开始测量离我们最近的天体——月球的距离了。

明月何处有

第一个地外目标——月球

月亮，是人类飞出地球、步入太空的第一个中途站，是人类迄今在地球之外留下足迹的唯一星球。世界上没有一个民族不对月亮抱有浓厚的感情。历代诗人留下无数吟哦(é)明月的华美诗篇，便是最好的佐证。

人类首先测出绝对距离的那个天体正是月亮。这是很自然的，因为宇宙中再也没有离我们比月球更近的天体了。

可是，有什么办法能够知道月亮离我们究竟有多远呢？用直尺、折尺或卷尺来量吗？那当然是行不通的。然而，早在2000多年前，就有人想出了一个相当巧妙的办法。

在公元前3世纪之初，在小亚细亚的萨摩斯岛(Samos)上出现了一位伟大的天文观测家，名字叫阿里斯塔克(Aristarchus，约前310—约前230)。他同时又是一位天才的理论家，只可惜他的著作大部分都失传了。但是，他的《论日月的大小和距离》却一直流传到了今天。

阿里斯塔克在这部著作中首先提出，如果在上弦月的时候测定太阳和月亮之间的角距离，就可以据此推算出日月到地球距离的比值(图7)。阿里斯塔克指出：上弦月的时候，日、月、地三者应该构成一个直角三角形，月亮在直角的顶点上。他根据观测确定，上弦时太阳和月亮在天穹上相距87°，由此可以推算出太阳比月亮远19倍。虽然这个结果比实际数值要小20倍左右，但其原理简单明了，值得赞赏。这是2000多年前测定天体距离的第一次大胆尝试，对其结果的称颂也理应超过对它的责难。

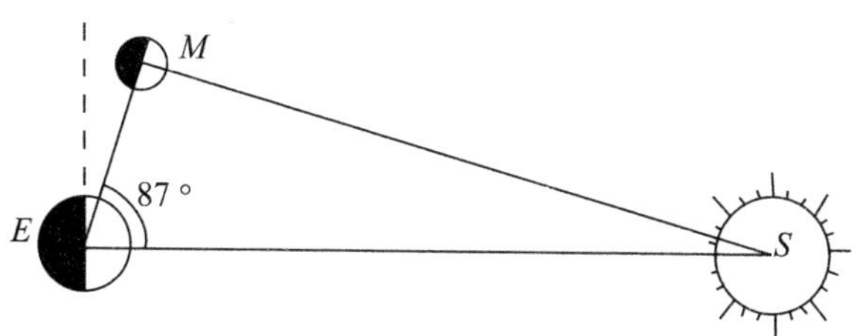

图7　阿里斯塔克测量日月到地球距离之比值的方法

图中 S 代表太阳，E 代表地球，M 代表月亮

阿里斯塔克又想到，由于日全食时月亮恰好挡满太阳，也就是说，它们的视角径相等，因此太阳的线直径必定也正好就是月亮的19倍。他还观测月食时的地影，计算出地球的影宽，进而推算出月球的直径

是地球的 1/3（今天知道实际是 0.27 倍）。因此，太阳的直径便是地球的（19 × 1/3）倍，即 6 倍有余。而太阳的体积则是地球的$(19 \times 1/3)^3$倍，即 200 多倍。这比实际情况（太阳比地球大 130 万倍）小了许多，但足以证明地球绝不是宇宙中最大的天体。也许就是这个原因，使阿里斯塔克天才地提出太阳和恒星一样，都静止在远方，而地球则在绕轴自转，又环绕着太阳运行。他还认为恒星比地球绕太阳运行的轨道更加遥远。由于这些想法，他被指控为亵渎神灵，他的理论也被人鄙视。然而，历史赋予他应有的地位，他远在哥白尼（Nicolaus Copernicus，1473—1543）之前 17 个世纪就猜测到日心系统的概况，因此，恩格斯热情地称颂他为“古代的哥白尼”。

阿里斯塔克还想出一个巧妙的办法，来测量地球与月亮的距离，不过，过了一个半世纪才由伊巴谷（Hipparchus，约前 190—约前 120）将它付诸实践。

古希腊所有伟大的天文学家之中，伊巴谷也许可以算是最伟大的了。他为方位天文学——天体测量学，奠定了稳固的基础。遗憾的是，后人对他的生平几乎一无所知，只知道他生于比锡尼亚的尼塞亚这个地方，在罗得岛工作过。伊巴谷算出一年的长度是 365 又 1/4 天再减去 1/300 天，这个数字与实际情况只相差 6 分钟。他编出几个世纪内日月运行的精密数字表，用来推算日食、月食，并编出一份包含 850 颗恒星的星表，列出这些恒星的位置和亮度。伊巴谷在天文学上做出了杰出的贡献，被人尊称为“天文学之父”。他的确是一位名副其实的知识巨人，他留下的大量观测资料，为后人的重大发现创造了条件。可惜，伊巴谷的著作没有直接留下来，人们只是从托勒玫的著作中才了解到他的这些情况。

公元前150年前后,伊巴谷将阿里斯塔克提出的测量月亮距离的设想付诸实践。当时希腊人已经意识到,月食是由于地球处于太阳和月亮中间,地影投射到月亮上造成的。阿里斯塔克指出,掠过月面的地影轮廓的弯曲情况应该能显示出地球与月球的相对大小。根据这一点,运用简单的几何学原理便可以推算出月亮有多远:它与我们的距离是地球直径的多少倍。伊巴谷做了这一工作,算出月亮和地球的距离几乎恰好是地球直径的 30 倍。倘若采用埃拉托色尼的数字,取地球直径为12 700千米,那么月地距离就是38万千米有余。今天,我们知道月球绕地球运行的轨道是个椭圆,因此月地距离时时都在变化。月球离地球最远时为405 500千米,最近时则为363 300千米,由此可知月地之间的平均距离是384 400千米,伊巴谷的测量结果与此相当接近。

然而,尽管阿里斯塔克的方法十分巧妙,伊巴谷的观测技术又很高超,但是像他们那样做还是难以获得高度精确的结果。当近代天文学兴起之后,人们必然就会以更先进的方法来重新探讨“月亮离我们有多远”这个古老的问题。

从街灯到天灯

月亮,仿佛是一盏不灭的“天灯”。它与我们相隔着辽阔的空间,因此我们无法拿起尺子直接朝它一路量去,以确定这盏天灯的距离。

利用月食推算的方法又过于粗略，天文学家们必须另找出路。幸好，这倒并不太困难。

人们早就懂得怎样计量地面上不能直接到达的目标有多远了。比如，一条滔滔奔腾的大河对岸有一排街灯，我们不用渡河，就可以知道这些灯有多远。这只要使用简单的三角测量法就行了。

例如图8(甲)中，我们站在A处，要测量C处这盏灯的距离。那可以这样做：先在当地[图8(甲)中的A处]立一根标杆，再顺着河岸向前走一段路，到某一点B停下，再立一根标杆。AB的长度可以用很准确的尺直接量出，这就是测量的基线。再用测角仪器测出$\angle CAB$和$\angle CBA$的大小。于是，在$\triangle ABC$中知道了两个角和一条边，就立刻可以算出[或者，如图8(乙)，用按比例作图的办法得出]AC的长度了。其实，这种方法在前面介绍实测子午线时已经谈过了。

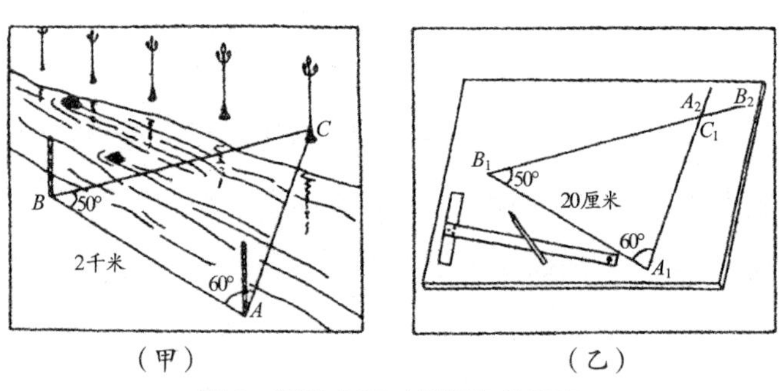

图8　测量大河对岸街灯的距离

(甲)大河对岸的街灯　(乙)按比例缩小后作图

运用这种方法原则上很简单，但要注意基线不能太短。如果图8甲中的AC很长而AB很短，那么$\triangle ABC$就变得非常瘦长。这样的图形按比例缩小后画到纸上就很难画准，因此测量的准确程度就会降低。

同样，即使不用作图法，两个角度只要测得稍许有些偏差，计算结果就会有很大的误差。

测量“天灯”的方法，其实也一样。我们只要在地面上选定一条很长的基线，量出它的长度，并在它的两端插上标杆，然后用“天灯”作为目标代替上面的街灯，再按同样的办法测出两个角度，就可以得到这盏天灯的距离了。

历史上，人们正是这样做的。首先用三角法测定月球距离的，是法国天文学家拉卡伊（Nicolas Louis de Lacaille，1713—1762）和他的学生拉朗德（Joseph-Jérôme Le Français de Lalande，1732—1807）。拉卡伊年轻时曾打算做一名罗马天主教教士，因而钻研神学。不过，他对数学和天文学的兴趣又超过了神学，最后终于成为出色的天文学家。拉朗德比他的这位老师小 19 岁，他青年时研究过法律，当时他恰好住在一座天文台附近，这唤起了他对天文学的强烈兴趣。因此，他学完了法律，却没有去当律师，而成了一名有作为的天文学家。

1752 年，19 岁的拉朗德来到柏林。当时，他的老师拉卡伊正在非洲南端的好望角。这两个地方差不多处在同一经度圈上，纬度则相差 90° 有余。他们同时在这两个地方进行观测，首次用三角法来测定月亮的距离，他们之间的基线比地球的半径还要长。在图 9 中，B代表柏林，C代表好望角。夜幕降临，月亮从地平线上越升越高。当它到达最高点时，在图 9

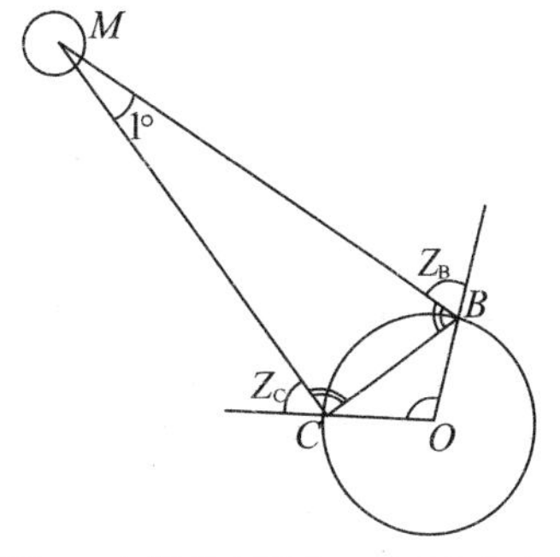

图 9　在柏林（图中 B 点）和好望角（图中 C 点）同时观测月亮（M），O 代表地球中心

中的位置是M。这时，容易在B点（柏林）测量出月亮M的天顶距（即离开头顶方向的角度），它用Z_B表示；同样容易在C点（好望角）测出月亮M的天顶距Z_C。圆弧BC的度数是知道的，它正是柏林与好望角两地之间的纬度差，这个数值也正好是$\angle BOC$的大小。

OB、OC是地球半径，它的长度，我们已经知道。于是，在$\triangle BOC$中已知两条边和它们的夹角$\angle BOC$，就立即可以算出BC之长和另外两个角$\angle OBC$和$\angle OCB$的大小。根据这两个角和Z_B、Z_C，就可以知道$\triangle MBC$中的两个角$\angle MBC$和$\angle MCB$之值。最后，既然在$\triangle MBC$中知道了一条基线和两个角，月球的距离也就唾手可得了。

拉卡伊和拉朗德计算的结果是：月亮与地球之间的平均距离大约为地球半径的60倍，这和现代测定的数值很相近。

这两位学者的其他事迹，也很有趣。拉卡伊在好望角期间编制了一份巨大的南天星表，命名了14个南天星座，它们填补了南天星座尚存的全部空缺。它们的名称一直沿用至今。这位拉卡伊虽然很穷，但还是有求必应地把星图的副本分送给每位索取者。他为了制作星图和星表而拼命工作，耗尽了精力，严重损害了健康，去世时还不到50岁。

他的学生拉朗德却比较长寿，活了75岁。拉朗德于63岁时（1795年）就任巴黎天文台台长。他编了一份包含47 000颗恒星的星表。其中有一颗编为21185号的，后来查明是少数几颗离太阳最近的恒星之一，它的名字现在就称为拉朗德21185。它也就是HD95735，只有半人马α、巴纳德星和沃尔夫359星才比它离我们更近些。拉朗德还是一位很了不起的天文知识普及家，狄德罗（Denis Diderot，1713—1784）

主编的法国《百科全书》的全部天文学条目都出自拉朗德的手笔。

雷达测月和激光测月

用三角法测量得到的地月平均距离为384 400千米，这已经很精确了。但是，天文学家们并不满足。雷达测月便是从20世纪50年代后期开始发展起来的新方法，当时雷达技术是人类探索太阳系天体的卓有成效的新手段。

雷达测月的方法直截了当。如图10所示，在地球上的某天文台A向月球发出一个无线电脉冲，并记下发出脉冲的时刻t_1；这个脉冲信号到达月球上的B点后，又反射回A点，记下接收到返回信号的时刻t_2。电波传播的速度就是光的传播速度c，它在t_2-t_1这段时间内走过的路程是$c(t_2-t_1)$，这便是在AB两点之间往返一次的长度，所以AB之间的距离便是$c(t_2-t_1)/2$。再经过一些推算，便可以进而定出月球中心到地球中心的距离了。

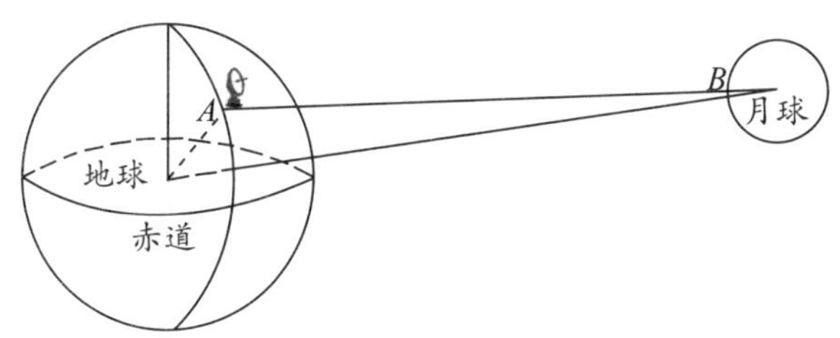

图10　雷达测月示意图

*A*是地球上的一座天文台，它的雷达发出的无线电脉冲从月球上的*B*点反射回来

早在 1946 年，就有人首次尝试用雷达测量地球到月球的距离。第一次成功的"雷达测月"是 1957 年的事，从那以后这种方法取得了很大的进展。通过系统的测量得知，地月平均距离为 384 400 千米，其误差不超过 1 千米。

激光的发明为整个科学技术领域提供了强大的新武器。1960 年，第一台红宝石激光器问世，从此激光技术便飞速向前发展。这使天文学家获得了将雷达天文学扩展到光学波段的可能。在测量月地距离时，人们用光雷达代替无线电雷达，这便是现在很受推崇的"激光测月"工作。由于激光的方向性极好，光束非常集中，单色性极强，因此它的回波很容易与其他来源的光（例如背景太阳光）区分开来，所以激光测月的精度也远较雷达测月高。激光测定月球的距离，可以准确到几厘米。

最初成功地接收到来自月面的激光脉冲回波是在 1962 年，它为激光测月拉开了序幕。7 年之后，即 1969 年 7 月，美国的"阿波罗 11 号"宇宙飞船第一次将两位宇航员送上月球，他们在月面上安放了第一个供激光测距用的光学后向反射器组件。它的大小是 46 厘米见方，上面装着 100 个熔石英制成的后向反射器，每个直径为 3.8 厘米。这种反射器实际上是一个四面体棱镜。它有一种奇妙的特性：当一束光以任何角度投向第四个面时，它依次经过另外三个直角面反射，最后仍然从第四个面射出，而且出射方向严格地与入射方向平行，因此，反射光将严格地沿着原方向返回发射站。这样，利用面积很小的反射器组件就可以使地球上接收到从月球返回的激光回波，而且波束不会变宽，可以获得极高的测量精度。1969 年 8 月 1 日，美国里克天文台首次接收到月面后向反射器送回的强回波信号，由此测定的距离精度已高达 7 米。人们在月球上一共安放了 5 个后向反射器组件,到 20 世纪 80 年代,测月精度已经达到 8 厘米左右。

应用精确的月球测距资料，使人们对月球环绕地球的轨道运动捉摸得更透彻了。这对于研究月球的内部结构、地月系统的质量、地球的自转、地极的移动以及检验引力理论等,都具有很重要的意义。

激光测月比过去采用三角测量法的精度提高了上千倍，20 世纪末借助更优质的新颖激光器,更使测距精度达到了 2～3 厘米。这有助于更好地了解月球和地球的物理性质，更有力地促进天文学和其他相关科学技术的新发展。

太阳离我们多远

转向了太阳

前面谈到萨摩斯岛的阿里斯塔克巧妙地推算出太阳到地球的距离比月亮到地球的距离远19倍，这个数字比实际情况小20倍左右。哥白尼虽然提出科学的日心宇宙体系，但他也不知道太阳究竟离我们有多远。直到1650年，才有一位比利时天文学家温德林（Godefroy Wendelin，1580—1667）利用改良仪器重新做了阿里斯塔克的观测，他所得的日地距离是月地距离的240倍，约为9 600万千米。这个数值的精确度虽有提高，但还是太小。

在近代天文学中，将太阳和地球之间的平均距离称为一个“天文单位”，它是天文学中的一把“尺子”。现在我们想要知道的，便是这把尺子究竟有多长？我们需要的，不再是像阿里斯塔克那样的粗略估计，而是要得到一个尽可能准确的数字。

中国古代有个神话，叫作“羿射九日”。说的是尧统治天下的时候，天上忽然出现了十个太阳，把地上的草木都晒得枯焦了。有位名叫羿的英雄，奉尧之命，张弓搭箭射下九日。蓝天之上还闪耀着一个太阳，给人间送来光明和温暖，百姓们非常高兴。

虽然这个故事不是真实的，但它却反映了古人征服大自然的愿望。我们不妨计算一下，假如羿这位大力士射出的箭和最快的飞机一样快，它要飞多久才能到达太阳呢？

现代有些飞机每秒钟可以飞 1 千米左右，按照这样的速度，17 分钟就可以从北京直达上海。以同样速度飞行的神箭，却要 4 年 9 个月才能飞到太阳。

孙悟空一个筋斗就是十万八千里。可是，就连老孙也得翻上 2 700 多个筋斗才能到达太阳呢（图 11）！

一个天文单位是很长的，光通过这样一段距离要花 499 秒钟（也就是 8 分 19 秒）。我们知道，地球上发出的激光脉冲射到月球上只需要 1.3 秒钟就够了。

但是，测量太阳有多远的方法与测月的办法是完全不同的。因为太阳不像月亮，它的圆面上没有固定标记。所以，如果用三角法测量，那就没有可供瞄准的精细目标，而月亮上的环形山是可以起到这种作用的。太阳黑子虽说也是日面上显著的特征，但是它就像水中的漩涡，时而产生时而消失，并且它在太阳圆面上的位置并不是固定，而是有漂移的。因此它也不能作为测量的瞄准目标。再则，太阳是一

图 11　连神通广大的孙悟空都在感叹，从地球到太阳真是太遥远啦

个极亮的光源，测量仪器直接以它为观测对象，显然很不方便。要像雷达测月和激光测月那样，向太阳这个灼热的火球发射雷达信号或者激光脉冲，并接收由太阳反射的回波信号以测定太阳的距离，那只是一首并不现实的畅想曲。

不过，人们完全可以不这样做。因为，早在 400 年前已经问世的"开普勒行星运动三定律"恰恰在这里又发挥了绝妙的作用。这儿，正是它们的用武之地。

开普勒和他的三定律

在16世纪,丹麦有一位第谷·布拉赫(Tycho Brahe,1546—1601),他出身贵族家庭,起初学习化学和占星术。不过,他自幼也爱好天文学。他得到丹麦国王腓特烈二世的资助,在哥本哈根附近的汶岛上建了一座大型天文台,并命名为"天堡"。

第谷建造的天文仪器,在当时是最大最精密的。从1576年到1596年的20年间,他在"天堡"用这些仪器进行了大量观测。他是一位卓然超群的优秀观测家,然而却不是一位高明的理论家。他留下的最宝贵财富,便是丰富而精确的观测资料。当然,他对天文学也还有另外一些相当重要的贡献。

在他的保护人丹麦国王腓特烈二世去世后,第谷与新国王闹翻了。他被迫离开"天堡",于1599年到达布拉格,担任神圣罗马帝国皇帝鲁道夫二世的御前天文学家。第谷在那时结识了一位很有才气的青年,他的名字叫约翰·开普勒(Johannes Kepler,1571—1630,图12)。第谷十分器重开普勒,他将毕生积累的观测宝藏传给了这位年轻的助手。1601年10月24日,第谷与世长辞,开普勒继承了御前天文学家的职位。

图 12　发现行星运动三大定律的德国天文学家开普勒

开普勒幼年时体弱多病,因而损坏了视力。他 17 岁时进入杜宾根大学基督教神学院攻读, 1591 年获得学位。第谷本人并不相信哥白尼的日心宇宙体系，但开普勒却不然。在天文学教授米切尔·麦斯特林(Michael Mästlin,1550—1631)秘密宣传哥白尼学说的影响下，开普勒成了哥白尼的忠实信徒。1596 年，开普勒写了一本书，名叫《宇宙和谐论》,承袭了毕达哥拉斯学派的“天球和谐”理论。书中虽然充满了神秘气氛,但仍清楚地表明他赞同哥白尼的日心宇宙体系。

从此，开普勒便悉心探索诸行星轨道之间的数字与几何关系。

第谷丰富的观测资料，到了开普勒手里才真正发挥了作用。开普勒利用这些资料，特别详细地研究了火星运动的轨道。经过无数次尝试和摸索，终于查明“火星沿椭圆轨道绕太阳运行，太阳处于椭圆焦点之一的位置上”。这便是开普勒第一定律的雏形。

开普勒发现，如果认为火星的轨道是圆形，则始终不能与第谷的观测数据相符，只有改用椭圆才能完全一致。这两者的差异，仅仅为8个角分。可是，正如开普勒本人所说：“就凭这8角分的差异，引起了天文学的全部革新！”

这里，我们顺便谈谈椭圆的一些奇妙特性。每个椭圆都有两个焦点，如图13中的F_1和F_2。椭圆上任何一点到两个焦点的距离之和总是相等的。所以，图13中的$F_1A_1+A_1F_2=F_1A_2+A_2F_2=F_1A_3+A_3F_2=F_1A_4+A_4F_2=\cdots\cdots$利用这一特点，就有了一种简易的画椭圆的办法：只要用一支铅笔，一根细线，两颗图钉，按图13那样，将图钉按住细线的两端，用铅笔套在细线里绷紧了画个圈儿就行了。容易明白，两个图钉就是它的两个焦点。

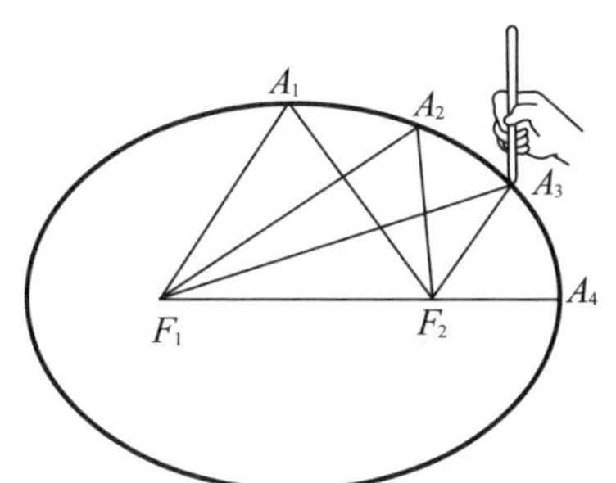

图13　从椭圆上的任何一点到两个焦点 F_1和F_2的距离之和总是相等的

椭圆还有一种奇妙的特征：倘若正好沿着一个椭圆的周界，面向椭圆内部布满镜子，那么放在一个焦点上的蜡烛或者灯泡发出的光，照到椭圆边界镜子上的任何一点后，就一定会被反射到另一个焦点上。图 13 中，从一个焦点F_1发出的光，射到A_1，A_2，A_3……后，分别沿着A_1F_2，A_2F_2，A_3F_2……全部反射到另外一个焦点F_2上。

开普勒又发现，行星在近日点处运行得最快，在远日点处运行得最慢。但是行星与太阳的连线（这称为行星的向径）在同样时间里总是在椭圆内扫过相同的面积。

1609 年，开普勒在他的《新天文学》一书内公布了他的头两条定律：

第一定律：行星绕太阳运行的轨道是椭圆，太阳在它的一个焦点上。

第二定律：行星向径在相等的时间内扫过相等的面积。这条定律又称为“面积定律”。

开普勒付出难以想象的艰巨劳动，在十几年内一直试图找出诸行星的公转周期与它们到太阳的距离之间的关系。他做了极为繁复的尝试和计算，在无数次的失败之后，终于发现了行星运动的第三定律：

如果以年为单位计算行星的公转周期T，以天文单位来量度该行星与太阳的平均距离a（不难看出，它就是这颗行星轨道椭圆的半长径），那么周期T的平方就恰好等于平均距离a的立方。也就是说，对于每一颗行星都有：

$$a^3=T^2$$

或者，对于轨道半长径分别为a_1和a_2，公转周期分别为T_1和T_2的

任意两颗行星,必定有(见表 1):

$$\frac{a_1^3}{a_2^3}=\frac{T_1^2}{T_2^2}$$

开普勒将这条定律发表在 1619 年出版的一本书中,他意味深长地将这本书取名为《宇宙和谐论》。就像第谷为开普勒发现这三条定律奠定了观测基础一样,开普勒的行星运动三定律也为英国大科学家牛顿(Isaac Newton, 1643—1727)[①]发现万有引力定律筑起了通向彼岸的金桥。

伟人开普勒虽然对天文学做出卓越的贡献(三定律便是这些贡献中较重要的一部分),但他的一生却坎坷维艰。为了生活,他不得不为人占星卜命。然而,他本人却并不相信占星术这门伪科学。1630 年,他因经济极度困难而长途跋涉,去向日耳曼议会索取拖欠他的薪俸。同年 11 月 15 日,他在途中贫病交加,悲惨地死去。

表 1　行星轨道半长径 a,公转周期 T,以及 a^3 和 T^2 的数值

行　星	a（天文单位）	T（年）	a^3	T^2
水　星	0.387	0.241	0.058	0.058
金　星	0.723	0.615	0.378	0.378
地　球	1.000	1.000	1.000	1.000
火　星	1.524	1.881	3.537	3.537
木　星	5.203	11.862	140.8	140.8
土　星	9.539	29.456	867.9	867.6
天王星	19.191	84.070	7 068	7 068
海王星	30.061	164.81	27 165	27 162

① 据英国史籍可靠记载,牛顿出生于 1642 年 12 月 25 日,卒于 1727 年 3 月 20 日,3 月 28 日遗体入葬威斯敏斯特大教堂。当时英国使用儒略历(亦称旧历),直到 1752 年才改用格里历(亦称新历,即今天的公历)。将牛顿的生日换算成格里历,就成了 1643 年 1 月 4 日。

卡西尼测定火星视差

开普勒第三定律实际上就是说：只要知道了行星绕太阳公转一圈需要几年，便可以算出它距离太阳有多少个天文单位。从此，才第一次有了按比例精确绘出太阳系中所有行星的轨道形状和它们的相对距离之可能。倘若能测出太阳系中任何两个行星之间的距离，便立刻可以推算出太阳系其他成员彼此间的距离了。这样，就可以根据行星离地球的远近来推算太阳的距离，而不必再像阿里斯塔克或温德林那样直接观测太阳了。

现在，终于到了介绍测定天体距离时必不可少的一个重要概念——"视差"的关键时刻。事实上，我们这本小册子所说的，就是人们在探索各种天体的"视差"的过程中，怎样不断地从胜利走向新的胜利。

视差是什么意思呢？比如，你伸出一个手指放在眼睛前面30厘米远处。先闭上右眼，只用左眼看它，再闭上左眼，只用右眼看它，你就会发觉手指相对于远方景物的位置有了变化。这是因为左眼与右眼是分别从不同的角度去看这个手指的。从不同角度去看同一物体而产生的视线方向上的这种差异，就称为"视差"（图14）。显然，手指放得越近，分别用左、右眼观看时这种方向上的差异就越大；手指放得越远，分别用左、右眼观看时方向上的差异就越小。所以说：一个物体的距离越近，视差就越大；距离越远，视差就越小。

图 14　分别用左眼和右眼观看同一个手指时的视差

前面谈到的拉卡伊和拉朗德测定月球距离的方法，实际上便是测定月球的视差。倘若我们不是在柏林和好望角测量，而是恰好从地球两侧遥遥相背的两点进行观测，那么这时的基线长度便等于地球的直径，而这时得到的视差角度的一半，便称为“地心视差”（图 15）。

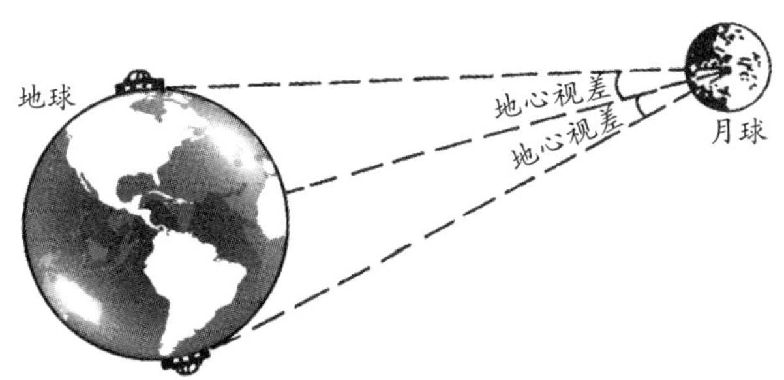

图 15　从地球两侧正好相背的两点进行观测，所得到的视差角度的一半称为“地心视差”

月球的地心视差是 57′ 2.6″，即稍小于 1°。这个角度与从 1.5 米远处看一枚 1 元硬币的张角近乎相等。但是太阳和其他行星的视差就小得多了。早在公元 2 世纪，托勒玫便用三角学方法，根据视差确定过月球和地球的距离。其结果与伊巴谷得出的数值大致相符。但是，直到 1500 年以后，才有人第一次用视差法测量比月亮更远的天体的距离。

1672年，意大利出生的法国天文学家卡西尼（Jean Dominique Cassini，1625—1712）测出了火星的视差。当时，他在巴黎观测这颗行星在群星之间的位置，而与此同时，另一位天文学家里奇（Jean Richer，1630—1696）则到位于南美洲的法属圭亚那的卡宴城去进行同样的观测。所有的恒星相对于火星而言，都遥远得仿佛完全固定在天穹上，所以卡西尼将他自己的测量结果与里奇的那些测量综合起来，就得到火星的地心视差为25″，并由此推算出太阳的地心视差为9.5″。这是有史以来第一次比较接近实际情况的测量结果，与此相应的日地距离则为13 800万千米。这虽然比地球与太阳的真实距离还是小了7%，但是同阿里斯塔克和波西冬尼斯相比，卡西尼的结果已经称得上是巨大的飞跃了。

除了观测火星，里奇在卡宴城还有一项功绩。他发现，钟摆的节律在卡宴城要比在巴黎慢，于是他认为卡宴城的重力较弱，因而它离地心较远。因为卡宴城在赤道附近，位于海平面上，所以里奇论证了地球的确是一个扁球体，赤道处的海平面要比两极处离地心稍远些。这项成就使他于1673年回到巴黎时赢得了热烈的欢呼和喝彩。据说，这种令人兴奋的场面引起他的上司卡西尼的嫉妒。于是，卡西尼便将他支遣到地方上去建筑城防设施（里奇还是一位军事工程师）。里奇默默无闻地度过了他的余生，1696年在巴黎去世。

卡西尼本人无疑是一位卓越的天文观测家。他领导筹建的巴黎天文台拥有当时世界上第一流的天文观测仪器。法国当时的著名喜剧家莫里哀（Molière，1622—1673），曾用“大得骇人”这一字眼来形容卡西尼的望远镜。卡西尼发现了土星的4颗卫星，还发现了土星光环中的缝隙(后来称为“卡西尼环缝”);他绘制了一幅巨大的月面图，其质量之高在一个多世纪内没有人能超过它。他还测定了火星的自转周期,研究了木卫的运行……可惜,他在理论上却保守得令人吃惊。他是最后一位不接受哥白尼理论的著名天文学家，他也反对开普勒定律——他认为行星绕太阳公转的轨道不是椭圆,而是“卡西尼卵形线”(在数学上,这是一种“四次曲线”,是到两个定点的距离之积为常数的动点轨迹),他还拒不接受牛顿的万有引力理论。他的保守倾向对18世纪法国天文学的发展甚为不利。因此,对卡西尼应该如何评价，历来分歧很大。比较公允的看法大致是：他是一位成绩卓著的杰出观测者，虽然他在理论上落后于时代，但并不妨碍他置身于17世纪最重要的天文学家之列。

在结束这一节之前,再用按比例图解的方式来概括一下,怎样由行星的视差来推算太阳的距离：

观测一颗行星在天空中的位置变化,便可以用天文方法确定它的椭圆轨道的形状和大小,以及它绕太阳公转一周所花费的时间。根据开普勒行星运动第三定律,便可以算出它与太阳的平均距离是多少天文单位。然后,我们画一张图(图16),其中S代表太阳,E代表地球,P代表行星。地球轨道虽说也是一个椭圆，但它与正圆非常接

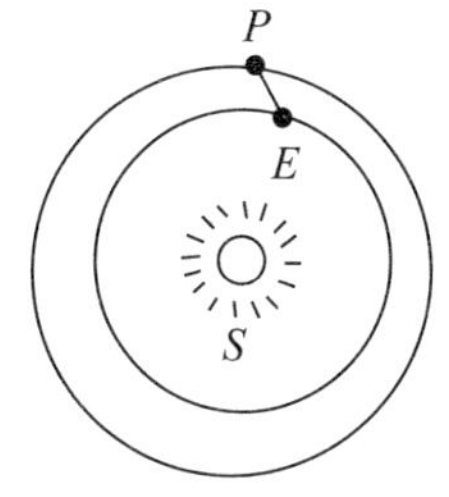

图16 从观测行星推算太阳的距离示意图

图中S代表太阳,E是地球,P是行星

近，图上就将它画成半径 1 厘米的圆（请记住，ES的距离在图中只有 1 厘米，实际上却是 1 个天文单位）。行星P离我们时近时远，当它特别靠近我们时，就可以像月球那样，用三角测量法直接测出它的视差了。于是，我们既知道了PE是多少千米，又可以从图上量出PE是多少厘米（实际上也就是多少天文单位），那么，每个天文单位等于多少千米也就一清二楚了。

金星凌日

继卡西尼之后，又有法国天文学家马拉尔迪（Giacomo Filippo Maraldi，1665—1729）于 1704 年由观测火星求得太阳的视差为 10″左右，英国天文学家布拉德雷（James Bradley，1693—1762）于 1719 年求得的结果为 10.5″，拉卡伊于 1751 年求得 10.2″。这些数值反倒不及卡西尼测得的 9.5″精确。

英国天文学家哈雷（Edmond Halley，1656—1742）早就提出，利用“金星凌日”的机会也可以测定太阳的视差。所谓“金星凌日”，就是从地球上看去，金星恰好投影在日面上，或者说，正好从太阳前面经过。在图 17 中，V代表金星，E代表地球，P_1和P_2是地球上的两个地方，S代表太阳。金星凌日时，从地球上的P_1和P_2同时进行观测，可以看见金星投影在日轮上不同的两个位置V_1和V_2，在金星移动的过程中，这两个点沿着两条平行的弦经过日轮。根据观测可以求得$\angle P_1VP_2$的大小，据此根据开普勒第三定律，再运用一些简单的三角学知识，又可以推算出$\angle P_1SP_2$的数值，倘若P_1P_2的直线长度（不是弧长而是弦长）正好就等于地球的半径，那么，$\angle P_1SP_2$就正好是太阳的地心视差。

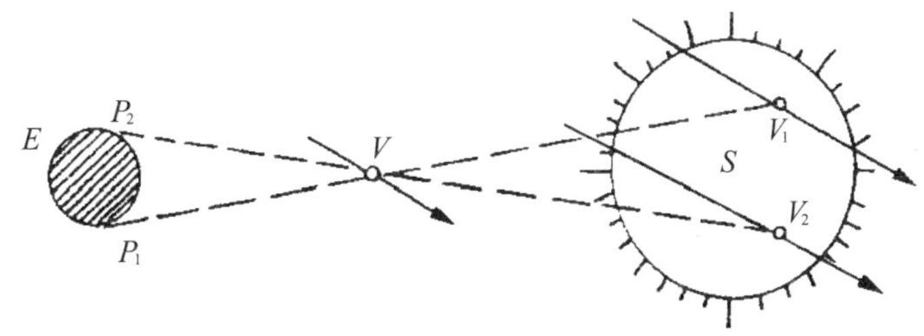

图 17　利用金星凌日测定太阳视差

图中 V 代表金星，E 代表地球，S 代表太阳。金星凌日时，从地球上的P_1和P_2两处同时进行观测，可以看见金星投影在日轮上不同的两个位置V_1和V_2

不过，哈雷本人却未能将这种方法付诸实践，因为金星凌日是不常发生的。那时，最近的两次金星凌日也须等到 1761 年和 1769 年才会来到。哈雷虽然是一位长寿的天文学家，他活到 86 岁，于 1742 年去世。天文学家们为了观测 1761 年和 1769 年的金星凌日，事先做了充分准备。他们组织了不少远征队到世界各地，希望在最好的条件下观测。可惜，许多复杂的因素都损害了观测的精密程度。1761 年金星凌日时，各观测队求得的太阳视差数值差异很大：有的小到 7.5″，有的大到 10.5″。但是，天文学家们不屈不挠，重新努力，这使 1769 年的观测大有进步。这次观测之后一共发表了 200 多篇科学论文，其中大多数结果都在 8.5″～8.8″之间。法国天文学家潘格雷（Alexandre Gui Pingré，1711—1796）综合分析了全部资料，于 1775 年公布了最后结果：太阳的视差为 8.8″。这是一个非常准确的数字，可惜当时人们并不重视它。

再往后的两次金星凌日,发生在1874年与1882年。在等待它们到来之前,天文学家们有足够的时间重新研究过去的观测资料。最后,德国天文学家恩克(Johann Franz Encke,1791—1865)于1824年发表了完整的讨论结果:太阳的视差为8.57″,由此算出地球至太阳的距离是153 000 000千米,这比实际情况多了3 400 000千米。直到19世纪中叶,恩克的结果一直为天文学界所公认。

最后,等待已久的1874年和1882年金星凌日终于来到了。天文学家们根据1874年的观测,求得太阳的视差在8.76″～8.91″之间。根据1882年金星凌日的观测,则求得它在8.80″～8.85″之间。美国天文学家纽康(Simon Newcomb,1835—1909),又重新综合讨论了前两个世纪的4次金星凌日所取得的观测资料,于1895年最终得出:太阳的视差是8.797″。从1896年起直至1967年,国际天文学界都采用太阳视差值为8.80″。这些数字与此后公认准确的8.794″很接近。

这是一个不小的成就。然而,从那以后人们却完全放弃了用金星凌日来测定太阳视差的方法。因为一种更新颖的方法已经步入天文台的大门。

地球的小弟弟——小行星

正当天文学家们为金星凌日观测结果中存在的种种差异而伤脑筋的时候,他们又重新发现三角测量法大有希望。这就是说,可以从观测小行星冲日获得更准确的日地距离。

目前，太阳系中总共才发现8颗大行星。可是，它们的小弟弟——“小行星”却多得数以十万计。人们之所以称它们为小行星，就是因为它们很小，比正宗的行星小得多。

最先发现的第一颗小行星名叫“谷神星”，它是19世纪向天文观测家们惠赠的第一件礼品。1801年1月1日晚上，意大利天文学家皮亚齐（Giuseppe Piazzi，1746—1826）首先从望远镜里发现了它。谷神星是最大的一颗小行星，直径约1 000千米。我们的月球直径是3 476千米，比谷神星大得多。可是论“辈分”的话，月球还得管“谷神星”叫“叔叔”，因为谷神星是直接环绕太阳旋转的行星，而月球却只是一颗绕着行星（地球）旋转的卫星而已。

1802年3月28日，德国天文学家奥伯斯（Heinrich Wilhelm Olbers，1758—1840）十分惊奇地发现了一颗新的小行星，即第2号小行星“智神星”，其运行轨道与第1号小行星谷神星相近。第3号小行星“婚神星”是1804年发现的，第4号小行星“灶神星”则发现于1807年。它们的直径均达数百千米，在小行星世界中皆名列前茅。虽然第5颗小行星姗姗来迟，直到1845年才露面，但是以后的发展很迅速。过了45年，到1890年，人们已经掌握287颗小行星的运行轨道。

绝大多数小行星都远比“谷神星”和“智神星”小，直径几十千米或几千米的小行星远比100千米以上的小行星多得多。1949年发现的1566号小行星“伊卡鲁斯”，直径仅1 500米左右，只不过相当于一座小山而已。伊卡鲁斯原是希腊神话中的一个人物，当他还是一个孩子的时候，便与父亲代达勒斯一起被囚于克里特岛的迷宫中。代达勒斯是旷世鲜有的巧匠，他用鹰羽、蜜蜡和麻线制成两对强有力的翅膀，大的那对给自己用，小的那对装在伊卡鲁斯的肩上。他们就这样远走高飞，逃出迷宫。代达勒斯叮嘱他的孩子切不可飞得太高，以免过分靠近太阳。可是，小伊卡鲁斯获得自由后非常高兴，他忽而低掠海面，忽而高翔空中。最后，他飞得太高了，灼热的太阳光烤熔了他双翼上的蜜蜡。失去翅膀的小伊卡鲁斯坠入大海，后来人们就把这块水域称作伊卡鲁斯海。

把 1566 号小行星命名为“伊卡鲁斯”的原因，就是由于在当时所知的所有小行星中，它可以跑到离太阳最近的地方。绝大部分小行星的公转轨道都在火星与木星之间，“伊卡鲁斯”有时却一直跑到水星轨道以内。它的轨道拉得很长，是个特别扁长的椭圆，所以它远离太阳时还是跑到了火星轨道以外（图 18）。这种轨道扁长的小行星，有时会非常接近地球。比如，1937 年发现“赫尔米斯”小行星时，它离我们大概只有 800 000 千米，只比月球远一倍左右。“赫尔米斯”的直

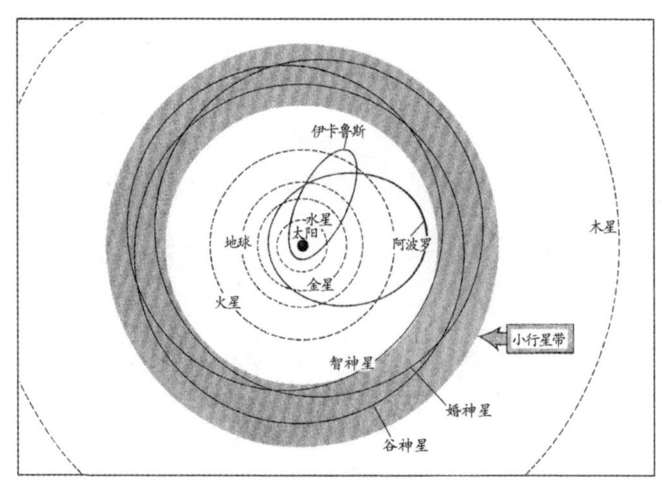

图 18　几颗小行星的轨道示意图

径大概只有“伊卡鲁斯”的一半。1936 年发现的“阿多尼斯”,可能只有 300 来米长,与其说它是一颗小小的星星,还不如说它是一块巨大的石头。它似乎到过离我们不超过 160 万千米的地方。不过,阿多尼斯后来又失踪了,至今也没能为它正式编号。

在庞大的小行星家族中,有不少是由中国天文学家发现的,它们大多以中国的人名或地名命名。例如:1125 号“中华”,1802 号“张衡”,1888 号“祖冲之”,1972 号“一行”,2012 号“郭守敬”,2027 号“沈括”,2045 号“北京”,2077 号“江苏”,2078 号“南京”,2169 号“台湾”,2197 号“上海”,2344 号“西藏”等。美国天文学家发现的 2051 号小行星命名为“张”,则是为了表彰长期担任中国科学院紫金山天文台台长的张钰哲(1902—1986)在研究小行星方面的突出贡献(图 19)。

图 19　我国 1990 年发行的一枚纪念邮票,上面写着“天文科学家张钰哲,一九〇二——一九八六”,旁边还有这样一行小字:“张(2051),Chang”,以表彰张钰哲在研究小行星方面的突出贡献

小行星的功绩

即使在很大的天文望远镜里看，小行星也仿佛只是个光点而已。因此，它们的位置能够比具有视圆面的火星或金星测量得更精确。当一颗小行星跑到地球的近旁时，可以准确地测出其视差，并且可以如上所述，再利用开普勒第三定律推算出太阳的距离。

最初提出这种方法的，是德国天文学家加勒（Johann Gottfried Galle，1812—1910）。他曾在1846年根据法国天文学家勒威耶（Urbain Jean Joseph Le Verrier，1811—1877）从理论上做出的预告，通过望远镜率先在天空中发现了海王星。1873年，加勒首先测定第8号小行星"花神星"的视差。1877年，英国天文学家吉尔（David Gill，1843—1914）观测"婚神星"，进而求得太阳的视差为8.77″。1888—1889年间，南北两半球的6个天文台通力协作，观测三颗小行星（第7号小行星"虹神星"，第12号"凯神星"和第80号"赋神星"），至1895年始由吉尔整理出最终结果：太阳视差为8.802″。它第一次将太阳视差的测量推进到小数点之后的第三位数字，这可以算是一项很突出的成就。1895年，在巴黎举行的一次国际会议上决定采取太阳视差值为8.80″，便是综合吉尔和纽康的结果而得出的。

1898年，发现了第433号小行星"爱神星"。在古希腊神话中，这位手持金箭的小小爱神名字叫"厄洛斯"（Eros），他的母亲便是鼎鼎有名的爱与美之女神阿佛洛狄忒（又译作"阿芙洛狄特"）。"爱神星”的亮度时刻在变化，这表示它在不停地自转，常常以不同侧面对着我们，自转一圈是 5 小时 16 分钟。“爱神星”发现后不久，便成了当时所知离我们最近的一颗小行星。因此天文学家们决定组织一次国际性大协作的观测。

1900—1901 年间，适逢“爱神星”冲日（在地球轨道以外的行星，正好处于和太阳相背的方向上，即从地球上看，它在天穹上正好与太阳相距 180°时，称为该行星冲日）。各天文台的观测结果由英国天文学家欣克斯（Arthur Robert Hinks，1873—1945）统一进行综合，最后得出太阳视差为 8.806″。后来，1930—1931 年间，“爱神星”再次冲日，当时它距离我们 2 500 万千米，比金星或火星离我们最近时还要近得多。14 个国家的 24 个天文台一起测量它的距离，英国皇家天文学家琼斯（Harold Spencer Jones，1890—1960）花了 10 年的时间，于 1942 年求得太阳视差为 8.790″，即一个天文单位的长度是 149 735 000 千米，这与目前确定的日地距离仅在第四位数字上有差异。

第二次世界大战后，测定天文单位长度的工作再度取得进展。这时，旅美德国天文学家拉贝（Eugene Rabe，1911—1974）根据 1926—1945 年间“爱神星”受地球摄动的情况，推算出太阳质量与地球质量之比，并进而推算出太阳视差值为 8.7984″，它与以前相比，又将小数点之后的数字后推了一位。在人们测定太阳距离的漫长征途中，这是一个不小的进步。与此相应的太阳距离是 149 526 000 千米（图 20），它和今天采用的数值仅相差 72 000 千米，这只相当于地球直径的 5.6 倍。

图 20　433 号小行星“爱神星”的功绩寓意图

上面说到“爱神星”受到地球的“摄动”，意思是说，当爱神星在环绕太阳运行的过程中，跑到比较靠近地球的地方时，地球对它的万有引力就变得相当可观；这时，“爱神星”的运动轨道与仅仅在太阳引力作用下所固有的运动轨道相比，便发生一定的偏移，偏移的程度反映出地球引力对它所起的作用大小。这种由于第三个较次要的天体（在这里便是地球）施予附加影响而造成的运动轨道微小变化，就叫作“摄动”。根据实际的天文观测，可以知道地球对“爱神星”的摄动情况，而这种摄动的大小又直接由主导天体太阳同摄动天体地球的质量之比所决定，因此，反过来就可以由观测结果推算出这一质量比的数值。

太阳究竟有多远

日地之间平均距离的最精确的数据，是由金星的雷达测距求得的。人们向金星发射无线电脉冲，并接收从金星表面反射的回波，记录下电波往返所需的时间，从而可算出在测量时刻金星到地球的距离是多少千米。如前所述，再根据开普勒的行星运动第三定律，又可以推算出一个天文单位的长度。由于电波往返的时间间隔可以极其精确地记录下来，因此这种方法比用三角法测量小行星更加准确。雷达测行星与雷达测月的原理及方法是完全相同的，目前它已成为测量太阳系内某些天体距离的最基本的方法之一。自从 1961 年以来，已经对金星、火星、水星等天体进行过许多次的雷达测距。

1964 年，国际天文学联合会通过了“1964 年国际天文学联合会天文常数系统”，规定从 1968 年开始，国际天文界应该统一正式采用该系统中给出的数据。这个系统中确定，由雷达测金星而获得的天文单位的长度为 1.496×10^{11} 米，也就是 149 600 000 千米，相应的太阳视差为 8.79405″。

在天文学中，经常以光线通过一个天文单位所需的时间来反映它的长度，这叫作“天文单位的光行时”。1964 年采用的光速数值是每秒 299 792.5 千米，于是一个天文单位的光行时便是：

149 600 000/299 792.5≈499.012(秒)

人类总是在不断地前进,科学技术永远在不断进步。1976 年,国际天文学联合会又通过一个有关天文学基本数据的新方案,即“1976 年国际天文学联合会天文常数系统”,规定从 1984 年起在国际上统一正式启用。这次,根据 1975 年第十五届国际计量大会采用的数据,光速取为 299 792 458 米/秒,即 299 792.458 千米/秒。这与 1964 年的光速数据相比,每秒钟只差了 42 米。在 1976 年的系统中,由雷达测金星确定的天文单位光行时为 499.004 782 秒,即 8 分 19.004 782 秒。由此而定出 1 个天文单位的距离为:

499.004 782 × 299 792.458=149 597 870(千米),

与此对应的太阳视差则为 8.794 148″。

2012 年,第 28 届国际天文学联合会又通过决议,启用更新的天文常数系统。其中光速依然采用 299 792.458 千米/秒,天文单位光行时取 499.004 783 84 秒,由此确定 1 个天文单位的距离为:

499.004 783 84 × 299 792.458 = 149 597 870.700(千米),

相应的太阳视差则为 8.794 143″。

这些,便是今天对“太阳究竟有多远”这个问题所能做出的回答。我们可以看出,为了找到这个答案,人们曾经付出了何等艰辛的劳动,做出了多么巨大的努力啊!

现在,我们又要把目光移向太阳系以外的茫茫太空,注视比太阳系中最遥远的天体还要遥远得多的众星世界。

间奏：关于两大宇宙体系

托勒玫和哥白尼这两个名字在前面出现过好几次。现在，我们还要再加上一段由他们主演的雄伟插曲，那就是两大宇宙体系："地球中心说"和"日心地动说"。听了这段插曲，我们再往下读便会明白，测定恒星的距离在历史上起过多么巨大的作用。

很久很久以前，人们看见日月星辰每天东升西落，很自然地便认为它们都在绕地球旋转，地球则是宇宙的中心。这种看法是很朴素的，丝毫也没有什么邪恶成分。古希腊的大学者亚里士多德(Aristotle，前 384—前 322)使这种观念变成一种哲学学说。由于他的权威地位，在相当长的时期内，任何人对此提出任何异议都会被认为要么是疯人的呓语，要么是推理中发生了谬误。

真正从天文学的角度去建立地心宇宙体系的，是古希腊的最后一位伟大天文学家托勒玫(图 21)，他在自己的主要著作《天文学大成》(公元 130 年前后成书)中详尽地阐述了这种理论。该书的希腊文原

图 21 托勒玫是古代希腊天文学的伟大综合者

本早已失传，全靠它的阿拉伯文译本流传下来。在整个中世纪里，人们将这部书奉为天文学中至高无上的经典。正是从托勒玫的著作中人们才知道伊巴谷和希腊早期天文学家们的许多工作。然而，在很长时间内，人们都误以为书中的各种发现都应归功于托勒玫本人，其实他主要还是总结和发展了前人的成果。

《天文学大成》中确立的地心宇宙体系主要内容是：地球静止于宇宙中心，日月星辰均绕地球转动；每颗行星以及月亮各在自己圆圆的“本轮”上匀速转动，本轮就是这种运动的轨道；同时，本轮的圆心又在所谓的“均轮”这个更大的圆周上绕地球匀速转动。不过，地球倒并不恰好在均轮的圆心，而是偏开一定的距离，换句话说，这些均轮其实都是一些偏心轮。日、月、行星除了沿着如上所述的轨道运动外，还与满天的恒星一起，每天绕地球转一周。托勒玫巧妙地选择了诸行星均轮与本轮的半径比率，行星在本轮与均轮上的运动速度，以及本轮平面与均轮平面相交的角度，终于使推算出来的行星动态与观测到的实际情况大体相符。当时的仪器不可能获得更高的观测精度，这使托勒玫的理论显得相当成功（图 22）。

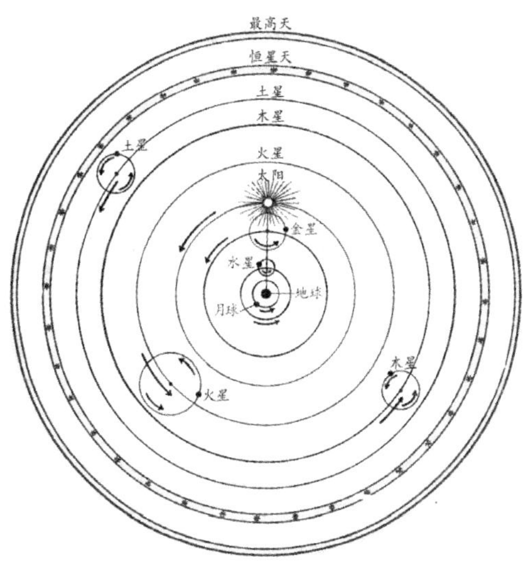

图 22　托勒玫地心说示意图

尽管托勒玫本人是无辜的，然而后来的宗教势力却发现地心体系对他们的教义颇为有用。于是，教廷便利用地心说来维护它的说教：上帝创造了人类、日月星辰乃至天地万物，而创造出天地万物的目的又是为了供人役使，所以人类应该居于宇宙中心。罗马天主教廷长期全力庇护地心说，对它的任何怀疑均被视为异端邪说。地心说一直统治了 1 000 多年，要冲破这重桎梏不仅需要强有力的科学证据，而且还需要极大的勇气。

随着仪器的改进和天文观测水平的提高，在托勒玫之后的漫长岁月中，人们渐渐发现，按托勒玫理论推算出来的行星位置与观测得到的实际情况差得越来越远了。于是，托勒玫的追随者们不得不在本轮之上又添上更小的小本轮，以凑合观测的结果。这样圆上加圆、圈上添圈，结果把整个行星运动的图景搞得复杂不堪，却还是不能解决根本问题。因为无论它如何独具匠心，终究只不过是一件禁不起实践检验的精雕细琢的工艺品罢了。

直到16世纪，近代天文学的奠基人、波兰天文学家尼古拉·哥白尼，在前人和自己的大量天文观测的基础上，首先系统地提出了宇宙体系的"日心地动说"。这就是说，地球并不是宇宙的中心，它仅仅是一颗普通的行星，在自己的轨道上不停地环绕太阳旋转，每转一圈就是一年。月亮是地球的卫星，它在以地球为中心的圆形轨道上每个月绕地球转一圈，同时又随着地球一起绕太阳公转。所有的恒星都比月亮、行星和太阳远得多。（图23）

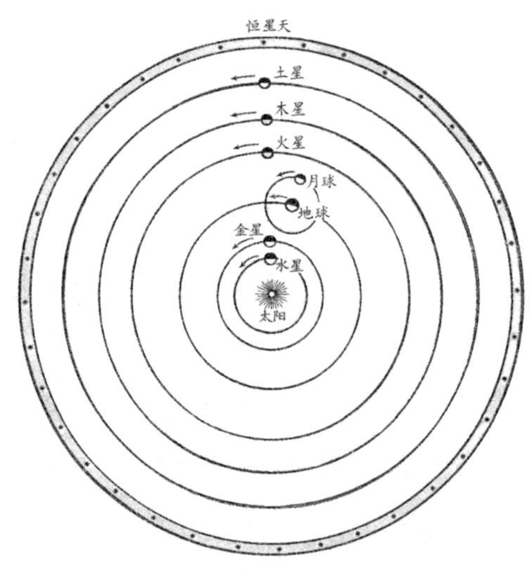

图23　哥白尼日心说示意图

哥白尼于1473年2月19日诞生在波兰维斯拉河畔的托伦城。他用30多年的心血完成了阐述日心学说的不朽巨著《天体运行论》。正如恩格斯指出的那样：哥白尼用它"来向自然事物方面的教会权威挑战。从此自然科学便开始从神学中解放出来……科学的发展从此便大踏步地前进”(《自然辩证法》,第 8 页,人民出版社,1979 年版)。所以,我们可以说,《天体运行论》是“自然科学的独立宣言”。

哥白尼明白,他的书一旦发表,必定会招致多方面的麻烦。主要攻击可能由两类人发起:顽固的哲学家们必定坚持亚里士多德的主张,他们绝不会从“地球是宇宙的固定中心”这块阵地上后退一步。另一类人是宗教的卫道士,他们一定会搬出《圣经》,它明白地指出大地是静止不动的,据此便可以给哥白尼定下离经叛道的大罪。最后,哥白尼在朋友们的苦心劝说下,终于下决心将手稿送出去付印。为了躲避教会的迫害,他干脆单刀直入地在序言中说这本书是献给当代教皇保罗三世的。这真不失为是一个先发制人的好办法。

1542 年秋,哥白尼因中风而半身不遂。1543 年,《天体运行论》在德国纽伦堡出版。据传,同年 5 月 24 日,当一本刚印好的《天体运行论》送到哥白尼的病榻前时,他已经到了向人世告别的最后一刻(图 24)。

图 24 哥白尼在人生的弥留之际,终于看到了刚刚印好的《天体运行论》,他为这部巨著付出了毕生的心血

《天体运行论》共分 6 卷，已被译成多种文字。其中第一卷“宇宙概观”是全书的精华，从多方面论证了太阳是宇宙的中心，地球是环绕太阳运行的行星，并解释了四季循环的原因。后面几卷分别详细讨论各种天体运动的情况，并提出预报天体未来位置和运动的方法。起初这部书没有受到罗马教廷的注意，因而流行了 70 年左右。它猛烈冲击了反动腐朽的宗教统治，在思想界引起的影响甚至超出哥白尼本人的预料，这自然会引起教会的仇视和恐惧。

意大利杰出的哲学家和思想家乔达诺·布鲁诺（Giordano Bruno，1548—1600）坚定地捍卫并发展了哥白尼的思想。他还写了许多抨击基督教和《圣经》的作品，因而被押送到罗马的宗教裁判所。他被幽禁了 8 年，接连不断的审问和拷打也持续了 8 年。但是布鲁诺不退让一步，最后被宗教裁判所判决为异端，被烧死在罗马的鲜花广场上。

这时“日心说”和“地心说”的斗争已经充满刀光血影。起初，有些天文学家和数学家认为哥白尼的理论只是一种巧妙的，甚至偷懒的计算方法，它推算和预告天体的运动状况比托勒玫体系简捷方便。托勒玫派不时出击，要摧垮“日心地动”这种“危险的”新理论。然而，布鲁诺死后不过八九年，情况竟然开始大变了。一种新的仪器武装了天文学家的眼睛，用它看到的一切也武装了科学家与唯物主义哲学家的头脑。这种“洞察宇宙的眼睛”，便是天文望远镜。

1609 年，意大利科学家伽利略（Galileo Galilei，1564—1642）将他自制的人类历史上的第一批天文望远镜指向了天空，人们的眼界顿时变得大为开阔了（图 25）。伽利略看见月亮像地球一样，坑坑洼洼坎坷不平，它的表面布满了环形山。在地球近旁，便有着这么一个与之相仿的世界，这无疑降低了地球在宇宙中的特殊地位。伽利略又看到太阳上不时出现大小不等的黑斑（黑子），它们日复一日地从太阳东边缘移向西边缘，这明白地告诉人们，巨大的太阳竟然在不停地自转着，那么，远比太阳小得多的地球也在自转还有什么可以大惊小怪的呢？但是，托勒玫派整个理论的基石却正好是与此相对立的，他们主张地静天旋。

图 25　伽利略正在用自制的望远镜进行天文观测

1610 年 1 月，伽利略从他的望远镜中看到，有 4 颗卫星正环绕着木星转动，这简直就是太阳系的缩影；它也明白无误地告诉人们：天体确实不绕着地球转动。伽利略又看到，金星原来也像月亮一样有圆缺变化，而且蛾眉状的金星比接近“满月”状的金星要大得多，这正好说明金星是环绕太阳，而不是环绕地球旋转的。

伽利略将他的望远镜指向银河，看到银河原来是由密密麻麻一大片恒星聚集在一起形成的，他还看到了更多更暗的星星。由此可见，宇宙绝不像托勒玫时代的人想象得那么简单。

上述所有这一切，都异常有力地支持了哥白尼的新学说。伽利略本人宣传哥白尼学说的活动更使教会深为惶恐。因此，罗马教廷审讯了伽利略。1616 年 3 月 5 日罗马教廷将《天体运行论》列入禁书目录。1633 年，宗教法庭宣布伽利略为罪人，指定他居住在佛罗伦萨郊区，不得离开。他在那儿一直受到监视，直到 1642 年去世。

然而，革命的新生事物是禁止不了的，日心学说依然在斗争中成长前进。1618 年，开普勒以日心学说为基础，总结出行星运动的三大定律；又过了半个多世纪，牛顿便在开普勒定律的基础上发现了“万有引力定律”。正是万有引力，使熟了的苹果从树端落到地面，使向上抛的石头又回到手中；也正是万有引力，使月亮绕着地球打转，又使地球和其他行星环绕着太阳运行不已。

每一个新发现都成了日心说的一次新胜利。哥白尼的反对者们且战且退，然而，他们还据守着最后一个“牢不可破”的顽固堡垒，这便是“恒星为什么没有‘视差位移’”。它正是我们接下来要谈论的主题。

测定近星距离的艰难历程

恒星不再是“固定的”

按照古希腊人的观念，恒星固定于最外一层天球上。“恒星”这个词儿本身的意思就是“固定的星星”。连哥白尼也把繁星密布的天空视为笼罩着太阳和诸行星的穹庐，伽利略和开普勒也这样想。

于是，当哥白尼提出地球在一个很大的轨道上环绕太阳运行时，他的反对者就提出这样运行的结果必然会产生恒星的“视差位移”，并以此作为反驳哥白尼的论据。确实，当地球从太阳的一侧跑到另一侧时，恒星天球看起来就应该有偏移，这和从不同角度观看大河对岸的街灯，或者分别用左眼和右眼观看放在眼前的手指，道理是一样的。这种偏移应该可以由恒星位置的明显偏移来直接证明，换句话说，地球本身的轨道运动将会造成恒星的“视差位移”。可是，事实却对哥白尼派大为不利：谁也没能发现恒星的位置真有这样的偏移。

哥白尼派为自己辩护，说恒星天球极其遥远，因此视差位移小得根本无法测量；与恒星天球的大小相比，整个地球的轨道只不过是一个小点而已。也就是说，恒星的距离远得无法测量。

起初，这似乎只是哥白尼派为了使自己免遭失败而寻找的软弱遁词。但是，1718 年发生了一件令人惊异的事件，它终于改变了天文学家们对恒星和“恒星天球”的看法。

那一年，哈雷发现至少有三颗很亮的恒星，即天狼星（大犬α）、大角星（牧夫α）和毕宿五（金牛α）的位置与古希腊天文学家测量的结果明显不同。好几位杰出的古希腊天文学家各自独立地工作，他们给出的这几颗星的位置是相同的。但是，哈雷的观测结果却与他们不一致。

第谷的星图比古希腊人的星图更精确，然而，从一个半世纪之前的第谷时代到哈雷的时候，天狼星的位置也已经稍有偏移了。

唯一合乎逻辑的结论是恒星并不是固定的，它们有自己固有的运动，这叫作恒星的“自行”。倘若全部恒星的自行速度都大致相近的话，那么离我们近的恒星在天穹上的位置看来就会比遥远恒星变动得更快，这就像近处的汽车仿佛比远处的跑得更快一样。因此，天狼星、大角星和毕宿五也许比别的恒星离我们更近些吧？况且，这三颗星在全天众星中又均属最亮之列，因此它们离我们特别近就越发可信了。

从此人们才明白：恒星原来并不是“固定的星星”，恒星天球其实并不存在，满天的星星原来离我们是有近有远的。

恒星离我们究竟有多远呢？哈雷以及在他之后的许多优秀天文学家，在寻找这个问题的答案时，统统都失败了。

恒星实在离我们太远了。如果用三角法来测量它们的距离，那么即使将整个地球的直径——约 12 800 千米作为基线，还是嫌太短。再进一步，就是干脆拿地球公转轨道的直径作基线，它几乎有 3 亿千米那么长！这样做的结果又如何呢？

倘若恒星离我们有远有近，倘若哥白尼的日心说又是正确的，那么如图 26(甲)，某一天地球在E_1这个位置，这时地球上的人看S_1和S_2两颗星，它们几乎就在同一个方向上；但由于S_1比较近，S_2比较远，所以当 6 个月后地球绕太阳转了半圈，跑到E_2处再看它们时，S_1和S_2的方向就相差较多了。我们可以打一个比方，如图 26(乙)，人站在位置A看街灯 1 和街灯 2，它们差不多在同一个方向上，好像紧靠在一起，但跑到位置B去看，两盏灯就分开了。

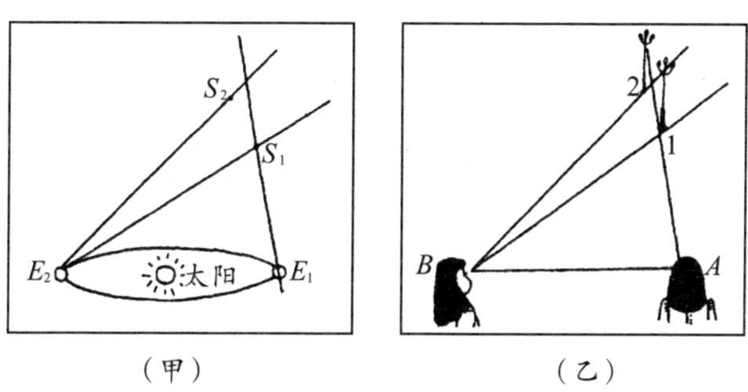

(甲)　　(乙)

图 26　从不同的方向进行观察

(甲)两颗星的相对位置　(乙)两盏灯的相对位置

多少年过去了，谁也没有见过星座的形状竟会随着季节而变化。

这实在是对哥白尼学说的严重挑战，它正是维护地心学说的人据守的最后一个堡垒。

可是，哥白尼并没有错：地球确实在绕着太阳转动。

在图26(乙)中，如果街灯1距离A是140米，而B仅仅从A偏移1毫米，那么您还能察觉两盏街灯方向之间的变化吗？显然不能。

今天我们已经知道半人马α星是离开太阳最近的一颗恒星，离我们达41万亿千米。这个数字与地球轨道直径3亿千米相比，正好与上面所说的140米与1毫米的比例相近。所以，单凭肉眼或者普通的仪器，根本无法察觉这颗星在方向上发生的变化。其他恒星比它更加遥远得多，自然也就更难发现它们的方向因地球公转而造成的偏移了。

然而，大望远镜的问世，精密测量仪器的诞生，在长期的实践中积累起来的丰富经验，终于使人们战胜了这种几乎无法测量出来的微小变化。

这又是一段动人心弦的精彩故事。

泛舟泰晤士河的收获

人们是这样测量恒星视差或距离的：

在图27中，S代表太阳，某一时候的地球位于E_1，6个月后它运动到了E_2。绝大多数恒星极其遥远，所以无论什么时候，它们的相对位置仿佛总是不变的，就像在一块无穷远的“天幕”上镶嵌着无数闪闪发光的宝石一般。这块“天幕”又叫“遥远星空背景”，在图 27 中用字母M表示。“天幕”上每颗星的方向仿佛都是不变的，它们可以很准确地予以测定；因此，任何两颗星之间相距多大的角度也可以量得十分准确。

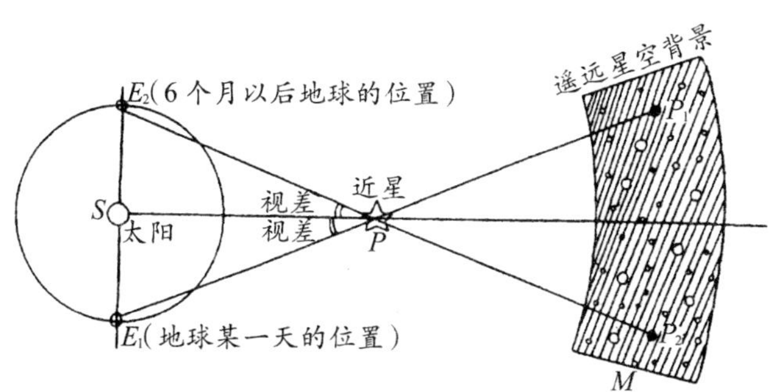

图 27　一颗近星 P 在“天幕”上的投影(P_1、P_2)和它的视差

图 27 中的P代表一颗比较近的星。从E_1处看，它仿佛在遥远星空背景上的P_1处；从E_2处看，它又好像在那块“天幕”上的P_2处。这两个方向之差异是$\angle E_1PE_2$或$\angle P_1PP_2$；就好像P_1处有一颗星，P_2处又有一颗星一般。因为测量两颗星之间的角度是不难办到的，所以我们能够得知$\angle E_1PE_2$的大小。它的一半，即$\angle E_1PS$或$\angle E_2PS$，叫作恒星P的“周年视差”，通常也将它更简单地直接称为恒星的“视差”。容易看出，视差也就是站在恒星处观看到的地球轨道半径所张开的角度。显然，越近的恒星视差就越大；恒星越远，视差就越小。已经讲过，最近的恒星是半人马α，它的视差是 0.76″，比其他恒星都大。

一枚 1 元硬币的直径是 2.5 厘米。将它放到 100 米以外，我们看到它张开的角度是 51.6″。这个角，约为 0.76″ 的 67.8 倍；将 1 元硬币放在 5 千米以外，它对我们的张角减小到 1.03″，这还比 0.76″ 大 35%。

对于近星，可以测出 $\angle E_1PE_2$ 的大小，也就是可以测出该星的视差。在 $\triangle SPE_1$（或 $\triangle SPE_2$）这个直角三角形中，既然已经知道视差角的大小以及一条直角边 SE_1（或 SE_2）的长度——它正是前面已经求出的一个天文单位之长，我们就可以立刻算出 P 这颗近星的距离了。

然而，要实际测量这么小的角度，技术上的困难是极大的，即使对于最近的恒星，也好像测量几千米外的一枚硬币的直径那么难。对于哈雷那个时代的仪器而言，这是完全不能胜任的。

哈雷的同时代人、爱尔兰天文学家莫利纽克斯（Samuel Molyneux，1689—1728）作了这样的尝试：1725 年，他在伦敦郊外宅地上安装了一架透镜直径 9.4 厘米、长 7.3 米的折射望远镜。它笔直地竖起来，活像个大烟筒。当天龙 γ 星从天顶附近经过时，它就会进入望远镜的视场中。

莫利纽克斯由于过多的政治活动不得不经常放弃观测，他那位年轻的合作者布拉德雷则始终坚守岗位。布拉德雷从 1725 年 12 月 14 日开始进行了一系列观测，到 12 月 28 日他就注意到天龙 γ 星的位置已经稍稍向南偏移了。

布拉德雷喜出望外，紧紧追随着这颗星毫不懈怠。日复一日，月复一月，只要这颗星还在夜空中，他就记录下它的方位。它继续朝南移动，然后又回向北方。一年中，它来回摆动了 40″。

这不是视差吗？很像，然而又不是视差。因为，恒星视差是由于地球绕太阳运动而造成的，所以恒星应该在 12 月份时处在最南面，而布拉德雷观测的结果却是在 3 月份最偏南。直到 1728 年，布拉德雷还是无法解释自己的观测结果。

那一年，他有一次泛舟于泰晤士河上，注意到桅顶的旗帜并不是简单地顺风飘扬，而是按照船与风的相对运动变换着方向。布拉德雷想到，这种情况与你打着伞在雨中行走时是一样的。如果你将雨伞垂直地撑在头上，你就会走进从伞上往下滴的雨点中。但是，只要将雨伞稍稍朝你前进的方向倾斜些，那你就依然能保持干燥。你走得越快，雨伞就必须往前倾斜得越厉害，雨滴的下落速度与你行进的速度之比决定雨伞倾斜的程度（图 28）。

图 28　雨中的行人觉得雨滴是倾斜地往下落的

布拉德雷终于找到了天龙γ星位置偏移的正确解释，他在写给哈雷的信中说道："我终于猜出以上所说的一切现象是由于光线的运动和地球的公转所合成的。因为我查明，如果光线的传播需要时间的话，一个固定物体的视位置，在眼睛静止的时候，跟眼睛在运动、但运动方向却又不在眼睛与物的连线上时，将有所不同；而且，当眼睛朝各个不同方向运动时，固定物体的视方向也就有所不同。”换句话说，布拉德雷已经清楚地意识到：在这里，天文学家的望远镜是“伞”，而恒星射来的光线则是“雨点”，在行走的那个人便是我们的地球。

望远镜必须像雨伞一样朝着地球前进的方向略微倾斜，这才能使星光笔直地落到它的镜筒里，布拉德雷把这个倾斜角度称作“光行差”（图 29）。

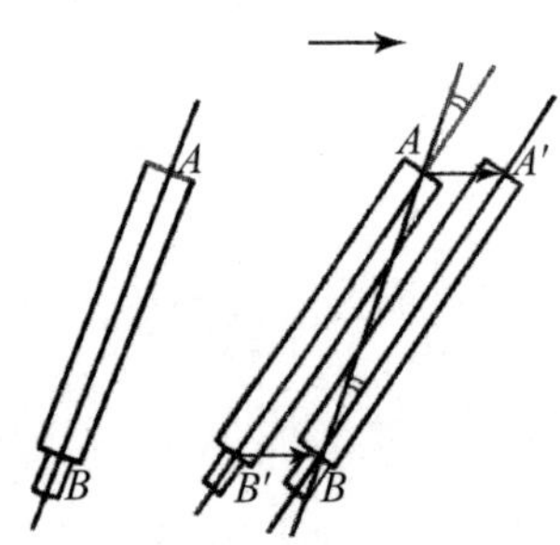

图 29　光行差是怎样产生的

如果观测者是静止的（左），那么他看到的星光入射方向就是星光前进的真正方向；如果观测者沿横向 AA' 移动（右），那么他就会觉得星光是由 AB'（或 $A'B$）方向射来的

布拉德雷还是没有发现恒星的视差，这超出了他那架望远镜的能力，因为视差是一种比光行差还要小得多的位移。但是，光行差的发现也有其历史功勋。首先，假如地球静止不动的话，光行差就不会出现。因此，它与视差一样，同样明确地证实地球确是在绕太阳公转。其次，光行差既然已被发现，人们就可以在观测中扣除这种位移，于是由视差造成的更小偏离就有可能被真正地探测到了。只是又过了 100 多年，人们才好不容易勉强做到了这一点。

恒星终于被征服了

19 世纪初以来，天文仪器迅速得到改进，这在很大程度上要归功于德国天才的光学家夫琅禾费（Joseph von Fraunhofer，1787—1826）。他短短的一生只度过了 39 个春秋，可是他为物理学、天文学和光学仪器做出的贡献却多得惊人。他使望远镜测量角度的精细程度达到空前的水平：0.01 角秒。

德国天文学家贝塞尔（Friedrich Wilhelm Bessel，1784—1846，图 30）充分利用了夫琅禾费提供的这种便利。贝塞尔本来是一名会计师，却成功地自学了天文学。他 21 岁时便利用 1607 年以来的观测结果，重新计算了哈雷彗星的轨道，这使他很早就出了名。他的特殊才能使他在 26 岁时便受命监建哥尼斯堡天文台，并担任该天文台的台长。贝塞尔 34 岁时完成一份当时最大最好的星表，接着他便转向自从哥白尼时代以来在三个世纪中难倒一切大天文学家的难题——测定恒星的视差。他拥有一种新发明的精密仪器，名叫“量日仪”，原本用于精确测定太阳的角直径，当然也可以用它来精确测量天空中的其他各种角距离。

图 30　率先测出恒星视差的德国天文学家贝塞尔

现在的问题是如何在满天星斗中选择“进攻”的目标。观测对象一经选定，天文学家就得将全部心血倾注在它身上。他们自然希望事先就能大致断定，自己选定的目标属于最近的恒星之列。盲目地随便找几颗星星来测量，几乎肯定是要失败的。

第一个判别依据是恒星的表观亮度，或者称为它的视亮度，也就是从地球上看去的亮度。倘若所有的恒星发光能力都差不多的话，那么最近的恒星便会显得最亮。或者反过来讲，最亮的恒星也许就是最近的。全天最亮的恒星是天狼星，假如它确实是与太阳一模一样的星体，那它应该比太阳远多少倍，亮度才会减弱到如我们所见的情形呢？当初，哈雷就作过比较，他的计算结果是：天狼星要比太阳远120 000倍。而我们今天知道，天狼星发出的光其实要比太阳多得多，它离我们要比太阳远500 000倍以上。当然，当初是无法知道这一点的。人们也曾将大角星与太阳作过比较，倘若它们的真实亮度的确相同，大角星就该有太阳的325万倍那么远。这与今天所知的准确结果差得并不远：大角星离太阳227万个天文单位，大约等于339 000 000 000 000千米。

第二个判别依据便是恒星的自行。根据日常生活的经验，可以知道运动物体离得越近，它看起来相对于遥远背景便移动得越快。因此，自行大的恒星大概就是比较近的星。

第三个标准和所谓的“双星”有关。它们是一些成对（即成双）的星星。它们不仅看上去靠得极近，而且确实在万有引力作用下像一对舞伴那样互相绕着转。双星系统中的每一颗星都称为该双星的一个“子星”。今天我们已经知道双星在天空中非常普遍。倘若有两个双星系统，我们简单地认为它们的公转平面恰好都与我们的视线方向相垂直,而且还假定它们的公转周期相同,又假定这两个双星系统的质量也相同,那么按照牛顿的万有引力定律就可以知道,这两对双星中两个子星之间的距离也必定相同。于是,离我们近的那组双星的两个子星在天空中看上去就分得更开些,正如近处的两盏街灯看上去要比远方的两盏分得更开一样。倘若两对双星的质量相同,但是公转周期不同,那么把开普勒第三定律运用到这些双星上便可以知道,周期短的那组双星中的两个子星一定靠得较近,周期长的则离得较远。再进一步,假如这两对双星从地球这儿看上去,两个子星张开的程度却又相同的话,那么周期短的(也就是两个子星离得较近的)那组双星,必定就是离我们较近的了。我们立刻可以想到:两个子星互相绕转的周期比较短,同时它们看上去却分得比较开的那些双星系统必定是离我们特别近的。

早在1812—1814年间,不满30岁的贝塞尔就注意到天鹅61星符合上述后两个条件。它是一组张开程度很大的双星,而且也是当时所知的自行最大的恒星,它在一年中便可以移动5.2″,在380年中它的位移就等于一个月亮的角直径,因此又被天文学家们称作“飞星”。它的两颗子星都不显眼,称不上亮星,但是根据上面说的后两个条件,它已经使贝塞尔感到非常满意了。须知,同时满足所有上述三个判别标准的恒星几乎是绝无仅有的。稍后我们便会讲到,苏格兰天文学家亨德森(Thomas Henderson,1798—1844)非常有幸地恰好选中了它,这就是半人马α星。

1837年,贝塞尔一切准备就绪,他的量日仪指向天鹅61星。他用附近两颗更暗的星作比较星,它们均无可察觉地自行。幽暗加上静止不动，足以令人信服：这两颗比较星距离遥远得不会有任何可察觉的视差位移。

整整一年之内，贝塞尔对它们进行了无数次的测量，在排除所有非视差的因素——包括布拉德雷发现的光行差，也包括同样是布拉德雷发现的天体位置的另一种微小偏移(它叫章动，是由于月球的影响使地球的自转轴发生某种颤动而引起)。排除所有这些因素之后，贝塞尔终于发现，天鹅61星正在细微地改变着自己的位置，其变化方式使人相信：这正是视差！

1838年12月，他终于宣布：这颗星的视差是0.31″，这相当于从16.6千米以外的远处看一枚1元硬币所能见到的大小。这也就是说，天鹅61星距离我们约有66万天文单位，或者说，它大约位于100 000 000 000 000千米之外，这可是一个长达15位的数字啊！

光每秒钟能走300 000千米。因此，天鹅61星发出的光跑到我们这儿，路上要花费十年有余的时间。由此，天文学家也常说，天鹅61星与我们的距离是11光年。后来，更精确的测量表明，该星的视差为0.294″，相应的距离便是地球到太阳距离的70万倍，即105 000 000 000 000千米。光线走完这段路程差不多要花11年又2个月。

现在，让我们再花些笔墨，对“光年”这个名词作进一步的解释。“光年”与“年”是完全不一样的，它不是时间的单位，而是长度的单位。它不是一座“钟”，而是一把“尺”，一把“量天”的尺。在测量天体距离时，它所起的作用就像量布时用的市尺或米尺一样。那么，天文学家们为什么非要放弃大家如此熟悉的“厘米”“米”或者“千米”，却换上这样一把陌生的新尺子呢？

这正是因为星星太遥远了，如果用千米来表达它们的距离，那就得写成长达十几位、二十几位的累赘庞大的“天文数字”，更不必说用厘米、毫米为单位了。冗长的数字往往是令人生厌的。打个比方，北京到上海的铁路距离约为 1 400 千米，假如有个古怪的人，他非要说北京到上海乘火车是 1 400 000 000 毫米，您难道不会感到啰嗦吗？

众所周知，1 天有 24 小时，1 小时是 60 分钟，1 分钟等于 60 秒，所以 1 天有 86 400 秒。请问，光在一天中可以跑多远呢？很容易计算，它约等于

$$300\,000 \times 86\,400=25\,920\,000\,000(\text{千米})$$

差不多等于从地球到太阳往返 87 次。

一年约为 365.25 天，光就可以跑 259.2 亿千米乘以 365.25，也就是约 94 600 亿千米，为了简便起见，也可以说成 9.5 万亿千米。人们甚至还经常说 1 光年大致就是 10 万亿千米。更简便的写法则是：

$$1\text{光年} \approx 9.5 \times 10^{12}\text{千米}$$

或

$$1\text{光年} \approx 10^{13}\text{千米}$$

为了对它获得一些更直观的印象，我们不妨设想，把地球的直径缩小 10 亿倍，于是地球就成了一颗直径只有 1.3 厘米的小“葡萄”；北京到上海的直线距离本来是 1000 千米左右，这时却缩成 1 毫米；将 1 光年按同样的比例缩小 10 亿倍，却还有 9 000 多千米，相当于北京到巴黎的真实距离那么远。您看，光年是一把多么巨大的“尺子”啊！

总之，说天鹅 61 星的距离是 11 光年，要比说它离我们 105 000 000 000 000 千米方便得多。

科学史上经常发生这样的情形：一项困难的工作，在很长时期内一直停滞不前，它使许多有名而能干的人遭受挫折，但在此后的某个时候却取得了奇特的进展，这时有几个人不约而同地打破了僵局，他们几乎同时获得振奋人心的胜利。在这里，这种情况又发生了。

只比贝塞尔晚两个月，亨德森求出了半人马α星的距离（图 31）。这颗星的中文名字叫“南门二”，它的视亮度在全天众星中名列第三，仅次于天狼星和老人星（船底α）。不过它太偏南了，北半球大部分地方的人都看不到它。它的自行也很大，达到天鹅 61 星的 3/4，为每年 3.7″。加之它又是一个张角很大的短周期双星，两颗子星每 79 年便互绕一周。所有这一切都使它很有希望是离我们太阳最近的恒星，而事实上也果真如此。

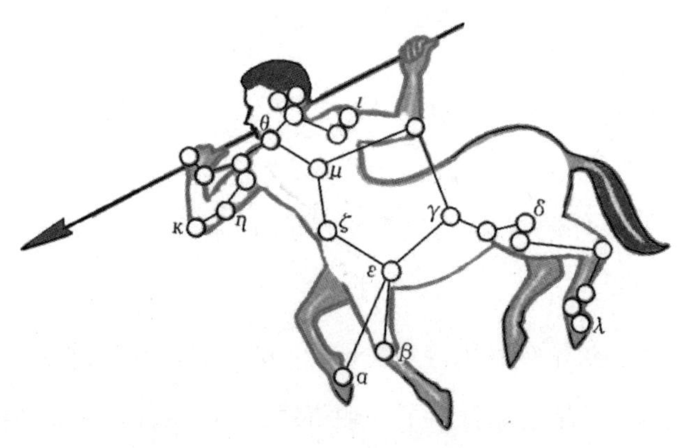

图 31　半人马座在古代希腊神话中的形象是一个半人半马的怪物

半人马α星位于其右前脚上

亨德森在南非好望角天文台观测到这颗星（贝塞尔在欧洲见不到它）。1831 年，他在那儿任那座天文台的台长，但是不久便回老家苏格兰当了皇家天文学家。他求出半人马α星的视差是 0.91″，几乎为天鹅61星的3倍，因此半人马α星比天鹅61星近得多。亨德森的数字意味着半人马α星要比太阳远20万倍，距离我们30万亿千米。事实上，它远在4.3光年之外，但这并没有使它丧失“离太阳最近的恒星邻居”的地位。

需要补充的是，人们后来又知道，还有一颗幽暗的小星在绕着半人马α双星系统运转，它目前在轨道上所处的位置，比半人马α两颗子星离我们更近，距离我们仅4.22光年。它是真正的离太阳最近的恒星，因此，人们将它称为“比邻星”。

其实，亨德森比贝塞尔早很多年就完成了观测，但是他直至回到苏格兰的首府爱丁堡谋得新职位之后，才完成数据的整理和计算，于1839年初发表了研究结果。很自然地，“第一人”的荣誉便归于最先抵达彼岸的贝塞尔了。

在此期间，俄籍德国天文学家斯特鲁维（Fredrich Georg Wilhelm von Struve，1793—1864）也获得了成功。他很早就从事天文工作，1815年被任命为爱沙尼亚的多尔帕特天文台台长时才22岁。1824年，他获得一架口径24厘米的优质折射望远镜，那也是夫琅禾费制造的。这是第一架配上了“赤道仪”的天文望远镜，有了赤道仪，望远镜才能自动跟踪缓慢地东升西落的星体。后来，这架仪器随同斯特鲁维一起转移到了圣彼得堡附近的普尔科沃天文台——它是19世纪中最完善的天文台之一。斯特鲁维用这架望远镜为天文学做出许多重要的贡献。他用它来测定恒星的视差，选择的目标是织女星。

织女星是全天的第五亮星，也是在北半球天空中能够高高升起的第二号亮星（仅次于大角星）。它的自行是每年0.35″，足以引起人们的注意。斯特鲁维从1835年开始进行测量，到1838年才大功告成。他推算出的织女星视差是0.26″，比今天公认的数值大一倍，于是他算出的织女星距离就太近了。不过，我们不应该过于苛求前人，在当时，这样微小的视差位移居然被他测量出来，就足以称得上是一项了不起的成就了。可惜，斯特鲁维直到1840年才宣布自己的结果，他落到了贝塞尔，甚至也落到了亨德森的后面。织女星比半人马α星和天鹅61星远得多，离我们有26.3光年。但是，它依然是太阳的近邻。

自从天文望远镜发明以来，已经230年过去了。直到这时，恒星才终于向锲而不舍顽强奋战的天文学家屈服了。恒星视差的测定，使死抱住地心宇宙体系的顽固派们失去了最后一根“救命草”。哥白尼派终于攻克了反对派们赖以顽抗的最后一个碉堡。

“日心说”彻底胜利了。1889年6月9日，在布鲁诺殉难289周年之后，在烧死他的地方——罗马的鲜花广场上，人们为这位“捍卫真理而宁死不屈的伟大战士”竖起了一座纪念铜像。

三角视差的限度

到了1900年，天文学家已经用上面所讲的三角法测出大约70颗恒星的距离。到1950年，这个数字上升到了6 000颗。1952年，美国耶鲁大学天文台出版了一本《恒星视差总表》，列出三角视差的恒星有6 000颗左右。用三角法测定的视差都称为“三角视差”，直到20世纪80年代初，用三角法总共只求出约7 000颗恒星的距离。

为什么这个数字几乎再也上不去了呢？原来，用三角法测量视差有一个限度，超过这个限度三角法就无能为力了。只有对于近距恒星才能运用三角测量法，对远星就不行。问题是：区分近星和远星的界限又是什么呢？多远的星星就不能算作近星了？

为了说明这个问题，我们再来谈谈这样两件事情：

首先，我们介绍一把“更长的尺”，它的名字叫作“秒差距”。“秒差距”的长度是这样确定的：当恒星离我们 1 秒差距远时，它的视差刚好是 1″；或者反过来说，如果一颗恒星的视差是 1″，那么它同我们的距离刚好就是 1 秒差距。于是，当一颗恒星离我们 10 秒差距远时，它的视差便为 0.1″；离我们 100 秒差距远时，视差为 0.01″。总之，恒星视差的倒数正好就是它离开我们的秒差距数，这便是使用“秒差距”这把新尺子的特别方便之处。“秒差距”这把尺子比光年还要长，它们之间的关系是：

1 秒差距=3.259 光年=206 265 天文单位=3.08×10^{13} 千米

或者近似地说，1 秒差距大致等于日地距离的 20 万倍，或约 30 万亿千米。

其次，再谈一下误差。从日常经验就可以知道，裁 1 米布，可以裁得 1 厘米、1 毫米都不错；但是，你没法裁得 1 微米也不差，这就是量布时的“测量误差”。同样，科学上的任何测量，也都不可避免地会有一定的误差。通常，用三角法测量恒星视差时，误差大约在 0.01″光景。于是，当恒星远达 100 秒差距（也就是视差为 0.01″）时，测量误差便和视差本身一般大小了。对于更远的恒星而言，测量时的误差就会比它的视差本身更大，那就没有太大的意义了。因此，三角测量的极限便是 100 秒差距左右；比这更远的恒星，都该算作远距恒星，要确定它们的距离就必须另找出路了。不过，三角视差法毕竟是测定太阳系外天体距离的最基本的方法，所有其他方法都要用三角视差法来校验。

由此可见，我们真是幸运。那些最近的恒星恰好离我们如此之近，以至于天文学家竟然真的用三角法测出了它们的视差。倘若它们统统都远上 100 倍的话，那么，说不定直至今天，人们除了太阳以外，对别的恒星究竟有多远都还难以奉告呢！

1989 年 8 月 8 日，欧洲空间局发射了“高精度视差收集卫星”，其英文名称缩略词 Hipparcos 的拼写和发音，与古希腊天文学家伊巴谷的名字近乎相同，故又称为“依巴谷卫星”。这里的“依”“伊”一字之别，恰好体现出这颗卫星同伊巴谷其人的英文名拼写有细微差异。1993 年 8 月初，该卫星因计算机失控而停止工作，前后运行近 4 年。天文学家们整理、分析了它的观测数据，编成一部大约包含 12 万颗恒星的天体测量星表——依巴谷卫星星表，其中最暗的恒星可暗到 12.4 等星（有关恒星亮度的知识，本书后文中还会进一步介绍）。它测量恒星三角视差的精度，暗到 9 等星仍高达 0.002″（对更暗的星精度稍差），由此导出的离太阳 100 秒差距以内的恒星距离数值，相对误差不超过 20%。

2013 年 12 月，欧洲空间局发射了第二个用于空间天体测量计划的卫星“盖亚”（Gaia）。盖亚卫星的结构和原理同依巴谷卫星相似，但又使用了一些最新技术，因此它的观测星数和精度要比依巴谷卫星高了成百上千倍，可以测定远至 10 万光年的恒星三角视差。盖亚卫星计划工作 5 年，也可能还会延长一年。

盖亚卫星计划观测视星等暗至20等的10亿个天体，获得它们的精确位置、自行、视差，以及亮度、视向速度、光谱分类等物理特性。盖亚卫星的测量精度非常之高，即使暗到20等星，测量位置的精度仍可达223微角秒（即0.000 223″），测量视差的精度可达300微角秒（0.000 3″），测量自行的精度则可达158微角秒/年。2016年9月，盖亚卫星的首批观测结果已经发布，包括11亿个源的位置和星等，以及相当一部分恒星的其他重要特征。

表2列出离太阳最近的21颗恒星的距离及有关情况。

表2　离太阳最近的21颗恒星*

星　名	视　差（角秒）	距　离（光年）	自　行（角秒/年）	视星等	光度（以太阳光度为1）
半人马α C	0.772	4.22	3.85	11.0	0.00006
A	0.750	4.34	3.67	0.0	1.6
B	同上	同上	3.66	1.3	0.45
巴纳德星	0.547	5.96	10.34	9.5	0.00045
沃尔夫359	0.419	7.78	4.67	13.5	0.00002
拉朗德21185	0.398	8.19	4.78	7.5	0.0055
卢伊顿726−8 A	0.382	8.53	3.33	12.5	0.00006
B	同上	同上	同上	13.0	0.00004
天狼 A	0.376	8.67	1.32	−1.4	23.0
B	同上	同上		8.3	0.003
罗斯154	0.342	9.53	0.74	10.4	0.00048
罗斯248	0.314	10.38	1.82	12.3	0.00011
波江ε	0.307	10.62	0.98	3.7	0.30
罗斯128	0.302	10.79	1.40	11.1	0.00036
卢伊顿789−6	0.294	11.08	3.27	12.2	0.00014
BD+43°44A	0.291	11.20	2.90	8.1	0.0061
B	同上	同上	2.91	11.1	0.00039
天鹅61A	0.291	11.20	5.20	5.2	0.082
B	同上	同上	5.20	6.0	0.039
BD+59°1915A	0.290	11.24	2.29	8.9	0.0030
B	同上	同上	2.27	9.7	0.0015

*　表中“视星等”表征恒星的表观亮度；“光度”表征恒星的发光本领，即恒星表面每秒钟发出的总能量。参见下文“星星的亮度”一节。

通向遥远恒星的第一级阶梯

星星的亮度

用三角视差法测定100秒差距以外天体的距离，可说是困难重重。因此，人们费尽心机想出了另外几种方法，它们大多牵涉到恒星的亮度。

早在2000多年之前，伊巴谷就用“星等”来衡量星星的亮度。他把天上20颗最亮的恒星算作“1等星”，稍暗一些的是“2等星”，然后依次为“3等星”“4等星”“5等星”，正常人的眼睛在无月的晴夜勉强能看到的暗星为“6等星”。

这样区分恒星的亮度很不严格。20颗1等星也不是真正一样亮的。很有必要像测量一件东西的长度一样，定出一个准确的标准，用它来表示恒星的亮度，就像用尺表示长度那样明确无误。

直到 1856 年，英国天文学家波格森（Norman Robert Pogson，1829—1891）才首先做到这一点。他发现，1 等星的平均亮度差不多正好是 6 等星平均亮度的 100 倍。于是，他据此定出一种亮度“标尺”：星等数每差 5 等，亮度就差 100 倍；或者反过来讲，恒星的亮度每差 2.512 倍，它们的星等数便正好相差 1 等。于是，5 等星的亮度是 6 等星亮度的 2.512 倍，4 等星的亮度又是 5 等星亮度的 2.512 倍，因此，4 等星的亮度就是 6 等星亮度的 $2.512 \times 2.512=2.512^2$ 倍，即 6.310 倍；3 等星又比 4 等星亮 2.512 倍，因此它比 5 等星亮 6.310 倍，比 6 等星亮 2.512^3=15.85 倍，等等。这样容易算出，1 等星的亮度就是 6 等星亮度的 $2.512 \times 2.512 \times 2.512 \times 2.512 \times 2.512=2.512^5$ 倍，也就是前面所说的恰好亮了 100 倍。

对于更暗的星，7 等星比 6 等星暗 2.512 倍，8 等星又比 7 等星暗 2.512 倍……容易算出，11 等星正好比 6 等星暗 100 倍。

比 1 等星亮的是“0 等星”，比 0 等星更亮的是“−1 等星”，容易明白“−4 等星”应该比 6 等星亮上 10 000 倍。

在表 3 中，我们列出了星等之差与亮度之比的对应关系。

表 3　星等差和亮度比的对应关系

星等差	亮度比
0.1	1.096 倍
0.5	1.585
1.0	2.512
2.0	6.310
3.0	15.85
4.0	39.82
5.0	100.0
6.0	251.2
10.0	10 000
20.0	100 000 000

从地球上看一颗恒星的亮度，称为它的“视亮度”，它的星等数称为“视星等”。在表 4 中，我们列出前面已经提到的一些天体的视星等数值。

表 4　一些天体的视星等

天体名称	视星等
太阳	−26.7 等
月亮（满月时）	−12.7
金星（最亮时）	−4.4
大犬α（天狼）	−1.4
半人马α（南门二）	0.0
天琴α（织女）	+0.1
天鹰α（牛郎）	0.8
天鹅α（天津四）	1.3
小熊α（北极星）	2.0
天鹅 61	5.2

从表 4 和表 3 可以推算出，从地球上看去，天狼星要比织女星亮 4 倍，太阳则比天狼星亮 130 亿倍。

但是，天狼星离我们远达 2.7 秒差距，即 8.7 光年左右，要比太阳远 55 万倍。倘若把太阳和天狼星移到离我们同样远的地方，那么两者之中究竟哪个会更亮些呢？

让我们来看一下图 32。离灯 1 米远的板接受到的灯光，等于 2 米远处的 $2 \times 2=4$ 块同样大小的板接受到的灯光，也等于 3 米远处的 $3 \times 3 = 9$ 块板接受到的灯光；而 4 米远的每块板上接受到的灯光是 1 米远的板接受到的 1/16。也就是说，当距离增加 K 倍时，灯的亮度看起来就暗 $K \times K=K^2$ 倍。也就是说，光源的视亮度和它到观测者的距离平方成反比。

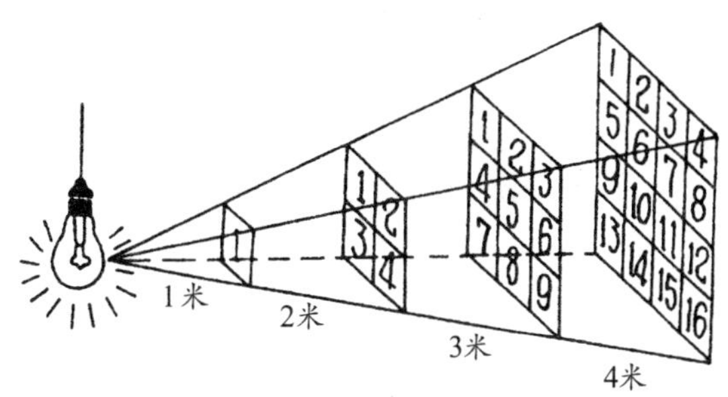

图 32　光源的视亮度与它到观测者的距离平方成反比

图中每个编上号的小方块面积都相同，但是一个小块离电灯越远，接受到的灯光就越少

把太阳放到天狼星那么远时，它看上去就会比现在暗 550000^2 倍，即暗 3 000 亿倍左右。因此，天狼星的实际发光本领要比太阳强 3 000 亿/130 亿=23(倍)。也就是说，如果将它们移到相同的距离上，太阳就会比天狼星暗得多。

在天文学中，通常都假定将恒星移到 10 秒差距的距离上来比较它们的亮度。一颗星处在这个距离上的视星等，就叫作这颗星的“绝对星等”。绝对星等表征了恒星真实的发光能力——即恒星的“光度”。根据光源亮度与距离平方成反比的规律，我们很容易从太阳和天狼星的视星等推算出它们的绝对星等：太阳是 4.8 等，天狼星是 1.3 等。

总之，在视星等、绝对星等和距离(或视差)这三个数字中，如果已经知道了其中的两个，就可以计算出另外一个，这在推算恒星距离时十分有用。通常，恒星的视星等可以直接由观测获得，同时设法用一些迂回的方法求出其绝对星等，最后就可以确定它的距离或视差了。下面，我们首先介绍利用恒星光谱推求其绝对星等，并进而求出其距离的“分光视差法”。

恒星光谱分类

早在1666年,23岁的牛顿就用三棱镜分解了太阳光。阳光分解后展开成一条宛如彩虹的色带,从它的一端到另一端依次排列着红、橙、黄、绿、蓝、靛、紫各种颜色,这些颜色之间是均匀缓慢而连续地过渡的。这种彩带就叫作光谱。

19世纪初,英国物理学家沃拉斯顿(William Hyde Wollaston, 1766—1828)让太阳光先穿过一条狭缝再通过棱镜,从而首先观测到了太阳光谱中有一些暗线。但是,首先系统而细致地研究这些暗线的则是夫琅禾费。他将棱镜和小型望远镜连接起来,观测从远处的狭缝射进来的太阳光。这一装置便是有史以来的第一具分光镜(图33)。夫琅禾费于1814年发现,在太阳光谱里有“不可计数、强弱不一的垂直

图33　夫琅禾费(直立者)和他的朋友正在进行分光镜实验

光谱线，它们比背景的颜色暗黑一些，有些谱线差不多是完全黑暗的”。在他发表的太阳光谱图中，暗线已经多达500余条，后人便将它们称为“夫琅禾费线”。这些光谱线的强弱宽窄虽然各不相同，它们在光谱中的相对位置却固定不变。夫琅禾费给许多重要的光谱线一一取名，它们分别用大写字母A、B、C……或小写字母a、b、c……来表示，这些记号一直沿用至今。

在19世纪，自然科学各大领域中都取得了一系列重大的成就，其中之一便是认识了光的电磁本质：光是一种电磁波，不同颜色的光具有不同的波长和频率。肉眼能感知的光称为“可见光”，它的波长范围大致为4 000埃~7 000埃。“埃”是国际物理学界沿用已久的一种长度单位，通常用符号Å来表示。1Å的长度只有1厘米的1亿分之一，即等于0.1纳米。由此可见，天文学家不仅要同像“光年”和“秒差距”那样巨大的尺度打交道，而且还得同像“纳米”和“埃”那么细小的东西交朋友。红光的波长在6 500Å左右，紫光的波长则短到4 000Å上下。在可见光两端之外，分别是红外线和紫外线。红外线的波长比红光更长，紫外线的波长比紫光更短。太阳光谱中的夫琅禾费线既然各有固定的位置，那就说明它们各有自己特定的波长。例如，橙黄色的D_1和D_2线的波长分别为5 896Å和5 890Å，红色的C线波长为6 563Å，紫色的H线和K线的波长则分别为3 968Å和3 934Å。

同样，我们也可以用分光镜和光谱仪获得大量恒星的光谱。有些恒星的光谱与太阳光谱十分相似。但是，一般说来，不同恒星的光谱相互之间往往有着不小的差异。正如生物学家对五花八门的动物或植物进行卓有成效的分类一样，天文学家也对恒星光谱做了类似的分类工作。有人认为，分类法“可能是发现世界秩序的最简单的方法”，这话多少有点道理。

最先观测恒星光谱的也是夫琅禾费，他曾将它们与太阳光谱进行比较。但是，恒星光谱分类工作的真正先驱却是意大利天文学家赛奇（Pietro Angelo Secchi，1818—1878）。他的一生对天文学有着许多重大的贡献，但他的职业却是一名神父。1868 年，赛奇公布了一份包含有 4 000 颗恒星的星表，表中将这些恒星按光谱区分成四类。第一类是白星，它们的光谱中只有极少几条谱线，天狼星和织女星可以算作这类恒星的代表；第二类是黄星，其光谱与太阳光谱十分类似；第三类是橙红星，光谱中出现明暗相间的宽阔谱带，这类谱带向着红端逐渐减弱，猎户α星（参宿四）和天蝎α星（心宿二）便是它们的代表；第四类是深红色的星，它们的光谱特征与第三类恒星恰好相反，在红端呈现出宽阔的光谱带，朝着紫端谱带逐渐减弱。

在赛奇之后，恒星光谱分类不断向前发展。到 19 世纪末，它已经变得非常精细。美国哈佛天文台台长皮克林（Edward Charles Pickering，1846—1919）及其合作者于 1890 年用 A 到 Q 等字母（除去 J）来表示不同的光谱类型（共有 16 类）。以后的研究发现，其中有些是双星的合成光谱，有些是拍摄得不好的光谱，于是便将这些类型取消了。

皮克林的团队最后获得 24 万余颗恒星的光谱，对它们分类的结果都列入了 HD 星表。如此浩瀚而精细的分类工作，大部分是由皮克林的助手坎农女士（Annie Jump Cannon，1863—1941）奋力完成的。她按照恒星的表面温度（可惜，限于篇幅，本书不能详细介绍如何测定恒星的温度了）由高到低的次序，重新调整了主要光谱类型的顺序（图

34)。从温度最高的O型星开始，构成了如下的序列：

O　B　A　F　G　K　M

为了便于记忆，有人利用这些字母编造了一个英语句子："Oh!　Be A Fair Girl, Kiss Me"，译成中文就是"啊，好一个仙女，吻我吧"。这句话中，每个单词的第一个字母恰好构成上述光谱型的次序。每个光谱型还可以更加细致地划分成10个次型，例如从B型过渡到A型，便又有B0，B1，B2……B9这10个次型，它们的光谱特征是依次连续变化的。

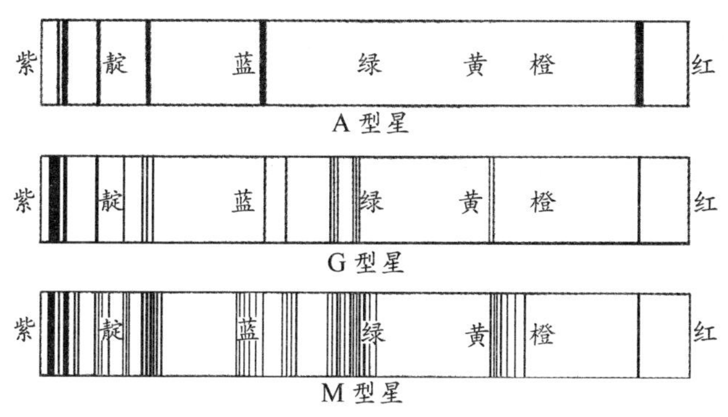

图34　恒星光谱示意图

上面一条是A型星的光谱，中间是G型星的，下面是M型星的光谱

这便是非常有名的"哈佛分类法"，全世界的天体物理学家对它都非常信赖，如今人们仍在广泛地应用它。

有趣的赫罗图

在进行恒星光谱分类之后，天文学家们又发现：表面温度高的恒星发光能力也强，表面温度低的恒星发光能力也低。换句话说，O 型星（它的表面温度高达三四万开[1]）的绝对星等数字最小，M 型星（其表面温度仅为两三千开）的绝对星等数字最大。太阳是一颗G2 型星，其表面温度略低于 6 000 开，是一颗具有中等发光能力的恒星。

我们还可以用图示的方法来表现上述的规律。如图 35，横坐标代表恒星的表面温度，并且注明了与之相应的光谱型，纵坐标是恒星的绝对星等。我们已经知道，对于距离已知的（例如，已经用三角法测出了视差的）恒星，很容易从它的视星等推算出绝对星等；光谱型则可以直接由观测确定。于是，根据一颗星的绝对星等数值和它的光谱型，便可以确定它在图上应该居于什么位置。例如，太阳的绝对星等为+4.8，光谱型为 G2，所以它便落在图中“太阳”两字所指处。

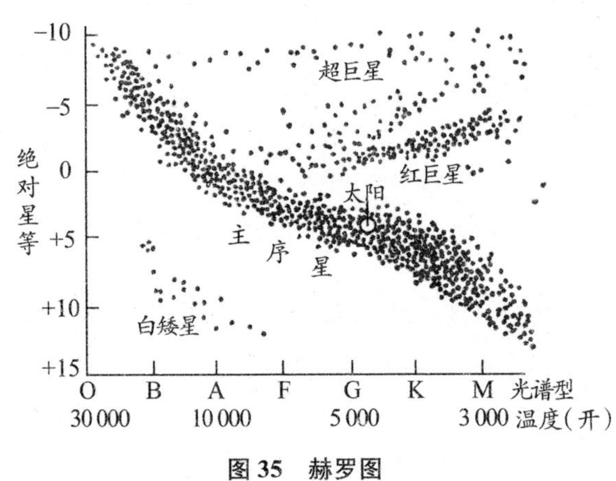

图 35　赫罗图

横坐标代表恒星的表面温度（或光谱型），纵坐标代表恒星的绝对星等

---

① 国际单位制基本单位中的热力学温度单位。符号 K。为纪念英国物理学家开尔文而命名。0℃ = 273.15 开。

20世纪初，丹麦天文学家赫兹普隆（Ejnar Hertzsprung，1873—1967）和美国天文学家罗素（Henry Norris Russell，1877—1957）首先进行了上述这类研究，因此人们将这种图称为“赫罗图”。从图上可以看到，代表大多数恒星的点子都分布在从左上方到右下方的一条对角线上，太阳正在它的中部。这条对角线称为“主序”，落在主序上的恒星便称为“主序星”。在左下角有一些颜色白而发光能力较差的恒星，它们称为“白矮星”；图的上方是一些特别亮的星，称为“超巨星”，在超巨星与主序星之间则水平地分布着一些“红巨星”。

正是这种赫罗图，为人们了解恒星如何度过它的一生提供了极其重要的线索。不过，我们在这儿更加关心的则是，它如何使人们大大增加了有关恒星距离的知识。利用赫罗图推求恒星视差的方法，便是有名的“分光视差法”。

分光视差法的妙用

1914年，美国威尔逊山天文台的亚当斯（Walter Sydney Adams，1876—1956）和德国天文学家科尔许特（Ernst Arnold Kohlschütter，1883—1969）合作，发现具有同样光谱型的巨星和主序星的光谱彼此仍存在着一些差别。这些差异虽然细微，却具有特别重要的意义。其具体表现是：某些光谱线的强度之比，对于巨星和对于主序星很不相同。

于是，人们便可以这样来推求一颗相当遥远的恒星的距离：先拍摄它的光谱，确定它的光谱型；接着又考察它的光谱中某些谱线的强度比，由此判断它是巨星还是主序星；这时就可以粗略地确定它在赫罗图中应该占据什么位置，也就是说，它的绝对星等大致就等于赫罗图上同样光谱型的主序星（或巨星）的绝对星等的平均值。知道它的绝对星等后，再同它的视星等进行比较，便可以求出这颗星的距离了。

下面的比喻也许能帮助读者更好地理解这种方法的实质。不会有人否认，人的身高和体重之间有着一定的联系。一般说来，高个儿的人应该比较重，矮个儿的人往往比较轻。虽然也有十分瘦长或者特别矮胖的人，但是普遍的趋势终归是身材高的体重大，身材矮的体重轻。因此，当你知道一个人的身高为 1.70 米时，你就可以大致估计他的体重在 70 千克左右；反之，当你知道了一个人的体重为 80 千克时，你就会预料他的身高也许在 1.80 米上下。这种推测和估计绝不可能达到绝对准确的地步，但大致说来还是可信的。假如我们把恒星的光谱型比拟作人的身高，把它的绝对星等比拟为人的体重，那么从恒星的光谱型推测其绝对星等的可靠性，大体上就和从人的身高推测其体重的情况相仿。

也许有人会想，身高与体重之间的关系，对于男人和女人，或者对于中国人和外国人，是有些差异的，因此仅仅根据身高来推测体重也许并不很可靠。假如知道了一个人的身高，同时还知道他（或她）的民族和性别，那么就可以把他（或她）的体重估计得更准确了。同样身高 1.80 米的人，欧洲人往往要比亚洲人更壮实些，因此体重也更重一些，这不是显而易见的吗？

事实正是这样。所以我们还需要尽量多知道一些其他方面的情况。对于研究人的身高与体重的关系而言，这种附加的信息可能是性别或国籍;对于研究恒星的光谱型与绝对星等的关系而言,这种附加的信息则是某些光谱线的强度之比。

有了分光视差法,人们已求出距离的恒星数目便迅速上升。求得的距离也从在地面天文台利用三角视差法的100秒差距向前一举推进到了上万秒差距。

所以,如果说三角视差法使我们"触摸"到了100秒差距以内的近星的话,那么,分光视差法则使天文学家的巨尺又往远处伸展了成百上千倍,它是我们通向更遥远天体的第一级阶梯。

然而,分光视差法也不是万能的。须知,拍摄一颗恒星的光谱,要比拍下这颗星星本身困难得多。有些遥远而暗弱的恒星,甚至用世界上最精良的望远镜和光谱仪也难以得到其清晰的光谱。况且,还有为数众多的恒星(例如各种变星和新星)并不能用寻常的方式找出其光谱与绝对星等之间的联系,它们在赫罗图上的位置是与众不同的。对于这些天体,分光视差法就失去了它的威力。

幸而,天文学家们还有别的好办法。在介绍这些新方法之前,我们再来讲述一段新的插曲,它将人类深邃的目光引向太空中更加遥远的地方……

再来一段插曲：银河系和岛宇宙

从德谟克利特到康德

我们凭肉眼只能看到6 000多颗恒星。天文望远镜发明以后，人们立刻明白了这只是宇宙中的冰山一角。在伽利略的望远镜中，灰蒙蒙的“天河水”碎裂成了无数的星星。但见到其中“大星光相射，小星闹若沸”，真是密密麻麻，好生热闹。然而，在此之后一个多世纪的时期内，并没有人能对这一现象做出比较深入的说明。现在让我们再回顾一下，历史上人们是如何看待恒星的本质的。

在古希腊那些卓然超群的学者中，有过一些人，特别是德谟克利特（Democritus，约前460—约前370），曾天才地猜测（请注意：这仅仅是猜测而已，并没有什么具体的科学论证）银河是一大片星星构成的

“云”。但是,大多数人宁愿相信亚里士多德的想法:银河是地球大气层发光的具体表现。伽利略用望远镜证实了德谟克利特的想法完全正确,但是它并没有回答恒星本身又是什么东西,这在很长时间内依然是一个疑团。

有一位德国的大主教,名叫尼古拉,出生在莱茵兰的库萨,后人便称他为库萨的尼古拉(Nicholas of Cusa,1401—1464)。他出生在望远镜问世之前两个世纪,他去世时哥白尼尚未来到人间。他首先支持了阿里斯塔克的地动理论(当然,他并没有充分的理由去维护自己的这种信念。阐明和论证地动理论乃是哥白尼及其后继者的业绩),还提出恒星乃是远方的太阳,它们的数目可能是无穷的。他甚至想象,每颗恒星附近都可能有居住着其他智慧生物的世界。这种猜想当然很可贵,不过当时并没有人重视它,即使对于尼古拉本人而言,这毕竟也只是猜测罢了。

被教廷活活烧死的布鲁诺,生前也曾提出天上的恒星都是宇宙中的太阳。不过在当时,甚至连伽利略和开普勒都不敢赞同这个意见。比他们晚一辈的荷兰天文学家兼物理学家惠更斯(Christiaan Huygens,1629—1695)正确地阐发了布鲁诺的见解。他首先根据亮度的比较,估计出天狼星要比太阳远 27 000 倍(这个数字比实际情况还是小了 20 倍)——读者当记得,哈雷也进行过类似的比较,结果是天狼星比太阳远 120 000 倍。

一旦明白了恒星是远方的太阳,便有一些敢想敢干的人开始研究它们在太空中的分布状况。在这方面有几位值得称道的先驱各自独立地得出了相同的结论:天上众多的恒星组成了一个虽然极其庞大，但是范围终究有限的宏伟体系。他们是英国天文学家赖特（Thomas Wright，1711—1786）、德国大哲学家康德（Immanuel Kant，1724—1804）和德国物理学家朗白尔（Johann Heinrich Lambert，1728—1777）。此外，瑞典学者斯维登堡（Emanuel Swedenborg，1688—1772）在他的《自然的法则》一书中也曾发表过类似的见解。

赖特首先于1750年从理论上解释了银河这道环抱天穹的亮圈是怎么一回事。他设想天上所有的恒星组成了一个扁平的透镜状集团，其形状很像一个车轮或一张薄饼，太阳便是这个集团的一名成员。他指出，我们地球所处的位置正好导致这样一种情况：沿着这块“透镜”的短轴观看，我们只能看见较少的恒星，在它们的后面便是黑暗的空间；如果我们沿着长轴看去，则将看到大量的恒星逐渐消融到一片发亮的烟霾中，这片烟霾便是银河，它挡住了更加遥远的黑暗空间（图36）。总的来说，这种见解与今天的看法相当一致。

图36　从人马座到仙后座的银河片段

康德又将这种想法推进了一步。他说，我们的恒星系统如果是包括银河在内的有限的孤立集团，那么远离银河的空间内必定还有别的孤岛般的恒星系统。他作了这样的说明：如果从十分遥远的地方观看我们这个银河恒星系统,那么它必定很像一个黯淡的圆轮,与那时用望远镜观看到天空中的一些云雾状小斑块(“星云”)非常相似。不过,康德的思想超越他的时代已经很远,他自己和别人暂时都不能证明这种想法的正确与否。

总之,到18世纪中叶,已经有几位思想家用类比推理的方法意识到这样一个基本事实:包括整个银河在内的所有恒星组成了一个伸展范围巨大然而有限的系统,在它之外又有着别的同样巨大而有限的恒星系统。

图37　英国天文学家威廉·赫歇尔,他被后人尊称为“恒星天文学之父”

后来,英国德裔天文学家威廉·赫歇尔(William Herschel,1738—1822)终于在恒星系统的研究方面迈出了关键性的一步。(图37)

银河系的真正发现

威廉·赫歇尔出生在德国的汉诺威城,父亲是一名乐师。他和父亲一样有音乐才能,十几岁时就在乐队里当风琴师和单簧管手。此后,他又当过音乐教师,作过不少乐曲,成了一名音乐家。对于音乐的研究,使他对数学产生了兴趣。接着,他又对光学感兴趣了。对光学的兴趣使他产生了用望远镜窥视宇宙的强烈欲望。此外,他对语言也非常喜爱。他的大部分生涯都在英国度过。

对天文学的求知欲终于压倒了一切，威廉·赫歇尔利用自己的全部业余时间磨制望远镜。经过无数次的尝试和挫折之后，他终于成为制造天文望远镜的一代宗师。他一生磨制的反射镜面达400块以上，最后还建成一架口径1.22米，镜筒长12米的大型金属镜面反射望远镜（图38），这在200多年前实在是一宗令人惊叹的伟大业绩。

图38　威廉·赫歇尔最大的那架反射望远镜，口径1.22米，长达12米

威廉·赫歇尔的妹妹卡罗琳·赫歇尔（Caroline Lucretia Herschel，1750—1848）终身未嫁，她一辈子忠实地当着哥哥的助手。她干得非常出色，最后也成为一位颇有声望的天文学家。后人为了纪念她，便以她的名字正式命名了月球上的一座环形山。她那详尽而从不间断的日记，记录了威廉·赫歇尔整整50年的工作史，其中谈到了当威廉·赫歇尔因为磨镜工作紧张得放不下双手的时候，卡罗琳亲自一口一口地喂这位比自己年长12岁的哥哥吃饭的动人情景。他们兄妹两人都很长寿，威廉80岁后还在观测天空，卡罗琳则一直工作到90多岁。

威廉·赫歇尔是天文学史上的一位巨人。他破天荒地发现了太阳系中的一颗新行星——天王星。在此之前，人们一直以为土星代表了太阳系的边界，天王星的发现则使人们所认识的太阳系的直径陡然增加了一倍。这件事在社会公众中激起的热情经久不息，以至于1/3个世纪之后英国著名诗人济慈(John Keats，1795—1821)还写下了这样的诗句：

> 于是我感到宛如一个瞭望天空的人，
> 正看见一颗新的行星映入他的眼帘。

以此来表达一种极度欢乐惊喜的心情。在太阳系内，威廉·赫歇尔还发现了土星的两颗卫星和天王星的两颗卫星。

但是，他最伟大的成就属于恒星天文学的范围，因此人们公正地将他赞誉为近代"恒星天文学之父"。他首创了大规模的双星研究工作；观测、记录和研究了大量的"星团"和"星云"。他于1783年巧妙地发现了太阳也有自行，论证了太阳正以17.5千米/秒的速度朝着武仙座的方向前进。他说道："我们无权假设太阳是静止的，这正和我们不应否认地球的周日运动一样。"这样，威廉·赫歇尔就比哥白尼又前进了一大步。哥白尼否定地球是宇宙的中心，却又用太阳代替了它。而根据威廉·赫歇尔的发现，人们就会很自然地得出结论：太阳也不是宇宙的中心；也许，整个宇宙根本就没有中心吧！

赫歇尔希望明了“宇宙的结构”——其实用今天的话来说，他所了解的还只是“银河系的结构”而已。他采用的方法是，用他那些第一流的望远镜朝着天空的各个方向观测，并且一颗一颗地数出在各个方向上所能看到的星数。显然，如果要在望远镜中看到全天的恒星并数出全部的数目，那么工作量就会大得根本无法完成。于是，赫歇尔挑选了683个较小的区域，它们分散在英国可见的整个天空中。从1784年起，他开始进行恒星计数工作。在1 083次的观测中，他一共数出了117 600颗恒星。他发现越靠近银河，每单位面积天空中的恒星数目便越多，银河平面内的星星最多，在垂直于银河平面的方向上星星最少。这符合赖特的理论。

正是通过这样的计数工作，赫歇尔确定了我们置身于其中的这个庞大恒星系统的外貌：它确实大致呈透镜状，其直径大致为太阳到天狼星距离的850倍，厚度则为太阳到天狼星距离的150倍。当然，那时对于天狼星本身的实际距离尚一无所知。后来弄清，赫歇尔的这些数字仍比真实情况小了许多。

由于这个庞大恒星系统的大部分星星都位于银河中，因此人们便将这整个透镜状的星系本身称作“银河系”。可以说，赫歇尔是第一个真正发现了银河系的人，是他首先大致确定了这个星系的形状、大小以及其中的星数。他根据实际计数的结果推测，银河系中的总星数也许有若干亿，比起如今我们所知道的，这又是一个太小的数字。

1906年初，荷兰天文学家卡普坦（Jacobus Cornelius Kapteyn，1851—1922）提议，应该在现代天文学的基础上重新进行恒星计数工作，并提出了均匀分布在天空中的206个选区。这时人们已经知道了一些近星的距离，又有了威廉·赫歇尔时代尚不具备的天文照相技术，因此计数结果比威廉·赫歇尔有了很大改进。1922 年，卡普坦据此提出一种银河系的模型，其样式与威廉·赫歇尔的颇为相似，只是直径要比威廉·赫歇尔模型大 4 倍：银河系的直径大约是 40 000 光年，太阳大致就在这个恒星系统的中央。然而，这个数字依然太保守。

如今我们知道银河系的形状大致如图 39。它由 2 000 多亿颗恒星组成，外形宛如乐队中用的大钹，中央鼓起的部分叫核球，四周扁薄的部分叫银盘。整个银河系的直径约 10 万光年。太阳大致位于它的对称平面上，离开银河系中心大约 2.7 万光年。我们自己身处银河系内观看银河系中的星星，宛如一个躲在巨钹中的人环视这个巨钹的四周边沿一般。这个巨钹内的人只能看见有一个完整的环带围绕着自己，而无法直接看出它的全貌。这正是："不识庐山真面目，只缘身在此山中。"

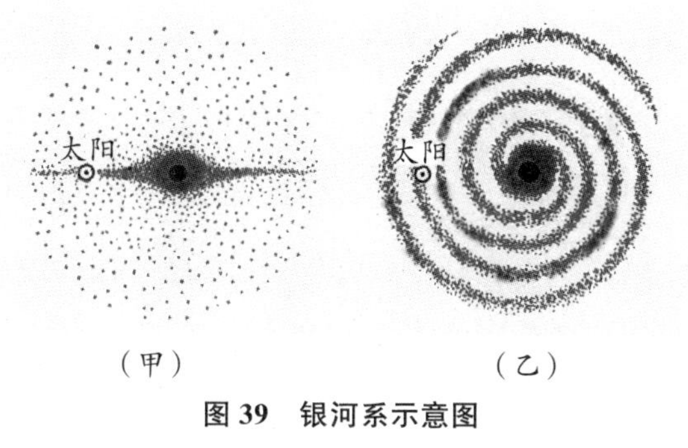

图 39　银河系示意图

（甲）侧视图　（乙）俯视图

人们是怎样确定银河系大小的呢？这也是测定天体距离方面的一个重要课题，我们在后面还要继续谈论它。现在，让我们先把眼光放得更远一些,来看看银河系以外的广阔天地吧!

宇宙中的"岛屿"

公元10世纪的阿拉伯人已经发现,在南半球,用肉眼就可以清晰地看到,天空中有一大一小两块云雾似的弥漫状天体。现代天文学家用望远镜拍摄了它们的照片,如图40所示。

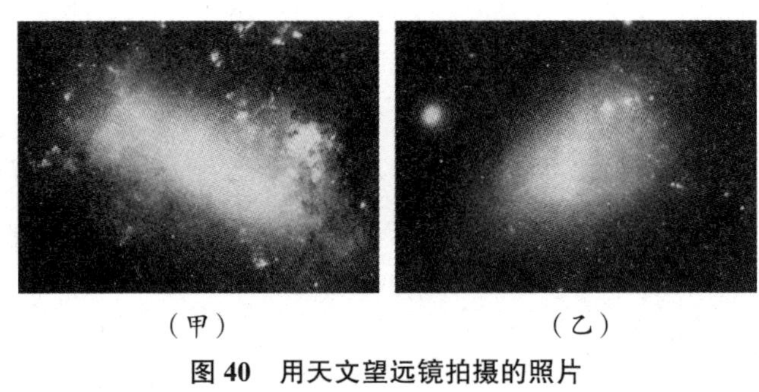

(甲)　　(乙)

图40　用天文望远镜拍摄的照片

(甲)大麦云　(乙)小麦云

在历史上,第一次准确地描绘它们的形象,是参加麦哲伦环球航行的船员们。1519—1522年,麦哲伦的船队进行了人类历史上的首次环球航行。海船驶入美洲最南端的一个海峡时,他们发现有两块云一般的东西高悬于头顶之上。回到欧洲后,水手们公布了这项发现。为了纪念他们,人们就把这两块"星云"按其大小分别称为"大麦哲伦星云"和"小麦哲伦星云"。在汉语中也常简称为"大麦云"和"小麦云"。当初船队经过的那个海峡,现在则称为麦哲伦海峡。它们在星空中的位置如图41所示。

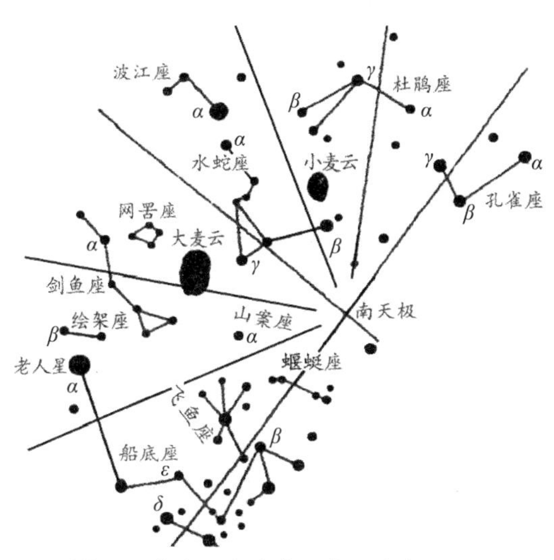

图 41　大麦云和小麦云在星空中的位置

大麦云位于剑鱼座和山案座交界的地方，小麦云位于杜鹃座内。威廉·赫歇尔的儿子约翰·赫歇尔（John Frederick William Herschel，1792—1871）曾于1834—1837年在南非好望角附近进行了3年的天文观测，他在那儿特别仔细地观测了大小麦云。他发现在这些“云”内包含着极为丰富的内容。他在大麦云里识别了919个不同的天体，在小麦云里则识别了244个。约翰·赫歇尔断定它们乃是“南半球特有的一种恒星系统”。事实上，用今天的巨型天文望远镜很容易将大小麦云中的个别星体更清晰地分解开来，由此可见它们确实像银河系那样，是由许许多多恒星聚集在一起而构成的庞大的恒星系统。

在广阔无涯的宇宙空间中，像银河系和大小麦云这样的恒星系统真是太多了。康德曾将它们比拟为漂泊在无限宇宙中的“岛屿”，把它们叫作“岛宇宙”。在现代天文学中,因为它们都在银河系以外,所以正规的名称叫作“河外星系”,通常也简称为“星系”。今天我们已经清楚地知道,在星系世界中,大小麦云乃是银河系的近邻。大麦云离我们“只有”16 万光年,小麦云离我们 19 万光年。

读者也许要发问:在“16 万光年”这样巨大的数字前面,为什么还要加上“只有”这样的词儿呢?这是因为,迄今为止所发现的数以百亿计的河外星系中,像大小麦云距离我们这么近的确实为数极少。距离我们 100 万光年以内的星系总共只有十来个;而那些遥远的星系,则往往要以 10 亿光年来计量它们的距离。

我们还必须提一下仙女座大星云。在伽利略发明天文望远镜之后仅仅 3 年,一位德国天文学家西蒙·马里乌斯(Simon Marius,1570—1624),于 1612 年 12 月 15 日通过自己的望远镜看到,仙女座中有一颗“恒星”有些异样。它不像别的星星那样呈现为一个明锐的光点,而是一小块雾状的亮斑,活像“透过一个灯笼的角质小窗看到的烛焰”。后来,人们将它称为“仙女座大星云”,如图 42。

图 42　美丽的仙女座大星云

在无月的晴夜，具有正常目力的人，用肉眼可勉强地看出仙女座大星云是一个暗弱的光斑。康德早就猜想，它是如同我们自己这个恒星系统——银河系那样的巨大恒星集团，只是因为距离实在太遥远，才使它看起来模糊不清。仙女座大星云在星空中的位置如图 43 所示。

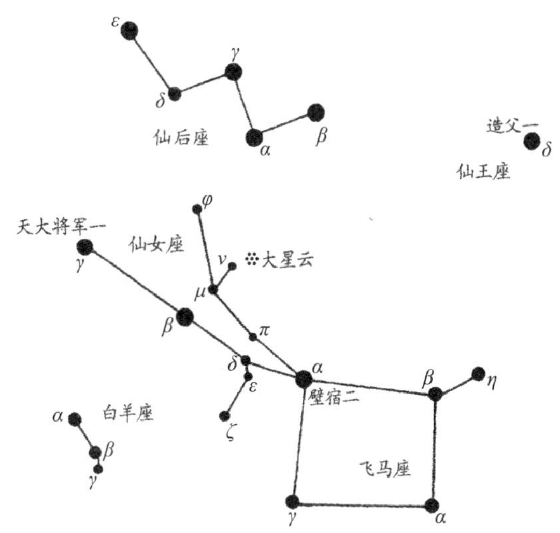

图 43　仙女座大星云在星空中的位置

近代天文学的进步证实了康德的想法完全正确。就像大小麦云那样，现代那些威力惊人的巨型天文望远镜也将仙女座大星云分解成了一个个星星点点。事实上，除了大小麦云以外，仙女座大星云乃是唯一可以用肉眼直接看见的星系，它由不下 3 000 亿颗恒星组成。仙女座大星云的大小和模样，恰好都与我们的银河系极其相似，因此看到它就仿佛是看到了我们银河系的肖像。仙女座大星云离我们达

220万光年之遥，然而它仍然是银河系的邻居，比它更遥远成百上千倍的星系实在是多得不可胜数。

然而，如此遥远的河外星系的距离又是怎样知道的呢？

我们在下面介绍用“造父视差法”推算遥远恒星的距离，并确定银河系的大小时，测定星系距离的问题也就同时得到了解答。

通向遥远恒星的第二级阶梯

聋哑少年和造父变星

恒星自行的发现，彻底清除了恒星“永世不变”这样一种宇宙静止的观念。另一方面，恒星这个词儿，原先也包含着其亮度一成不变的意思。随着近代天文学的发展，这种偏见最终也烟消云散了。

古人很早就注意到一种罕见的天象：天空中突然会冒出一颗“新的”星星来。其实，这种所谓的“新星”并不是新诞生的恒星，相反，它们倒是恒星年老的象征。一个世纪以来，研究恒星如何度过其一生，即恒星如何“生长老死”（更科学的说法叫作恒星的演化）取得了巨大的进展，人们才明白了这一点。

实际上，新星本来都是些很暗弱的星星，往常人们看不见它；或者，它隐匿在满天繁星之间而未惹人注意。但是，忽然间它爆发了，抛射出大量物质，这时它的亮度突然增大成百上千倍乃至几百万倍，平均说来约增亮 11 个星等，即几万倍。于是，人们发现了它，以为在那儿突然出现了一颗新的恒星，"新星"这个名称正是这样来的。

爆发规模比新星更大的另一类恒星，被称之为"超新星"。它们爆发时可以增亮 17 个星等以上，即增亮千万倍乃至上亿倍。超新星是恒星世界中已知的最激烈的爆发过程。它爆发时放出的能量，可抵得上千万个到百亿个太阳的能量；也就是说，一颗爆发中的超新星的发光能力几乎与整个星系相当。超新星现象要比新星更为罕见。

我国有着世界上最早的新星记录。《汉书》上的汉武帝"元光元年六月客星见于房"，是世界上第一条有关新星的文献记载。"客星"就是新星，有时也指超新星，好像天空中突然来了一位不速之客；"房"指房宿，是二十八宿之一；这颗新星出现的时间是汉武帝元光元年，即公元前 134 年。

将新星和超新星用于测定星系的距离颇有其妙处，我们在后文中还要谈到这一点。

毫无疑问，新星和超新星一定增添了古代人研究星空的兴趣。但是除此而外，在长达几十个世纪的岁月中，似乎并没有一位天文学家想到缀满天穹的群星还会有什么亮度变化。

直到公元 1596 年，才有一位德国人法布里修斯(David Fabricius，1564—1617)明确地认识了第一颗"变星"。变星，是指那些在不太长的时间(例如几小时到几年)内亮度便有可察觉的变化(例如几分之一个星等到几个星等)的恒星。

这位法布里修斯是一位新教牧师。他是第谷和开普勒的朋友，是首先使用望远镜从事天文研究的人之一。不过，他发现第一颗变星却是在望远镜发明之前的事情。1596年10月，他注意到鲸鱼座里原先有一颗3等星变得不再能看见了。这颗星在中国古代名叫“蒭(chú)藁(gǎo)增二”，国际通用的名字是鲸鱼座o(希腊字母o读作奥密克戎)。后来，这颗星又重新出现了。人们最终发现它的亮度变化是周期性的，周期是334天。半个世纪之后，波兰天文学家赫维留斯(Johannes Hevelius，1611—1687)又给它取了个名字叫“米拉”(Mira)，意思是“奇怪”，因此直到今天人们还叫它“鲸鱼怪星”。法布里修斯是一个不幸的人，于1617年被一个他想揭露为贼的教民所杀。

第二颗变星是英仙β，中文名大陵五。也许，阿拉伯人早已发现它的亮度明显地起伏波动，所以他们称它为“阿尔戈尔”(Algol)。在阿拉伯语中，这词的意思是“变幻莫测的神灵”，因此大陵五有时也叫作“魔星”，如图44。在1670年和1733年都有人注意到它的亮度变化，然而却一直没人对它进行系统的观测。

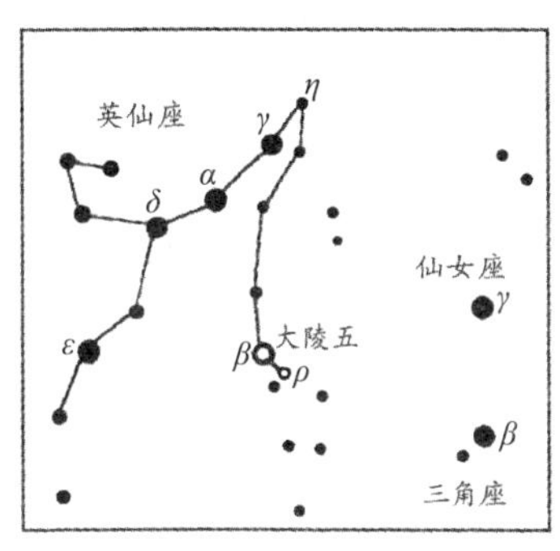

图44 “魔星”大陵五在星空中的位置

现在，我们的主角出场了。英国荷兰裔业余天文学家古德里克（John Goodricke, 1764—1786）是一个很不平凡的人，他自幼聋哑，只活了22岁。1782年11月12日夜晚，古德里克观测到大陵五逐渐暗了下去，然后又发现当它的亮度下降到正常亮度的1/3时，又重新亮了起来，直至复原。面对这种奇怪的现象，这位当时才18岁的少年毫不张皇，他沉着地提出：一定是另有一颗暗得看不见的星星陪伴着大陵五，就像发生日食一样，由于它周期性的遮掩，使得大陵五的亮度有了周期性的变化。事实证明，古德里克的这种大胆设想是正确的。后来又发现许多同样类型的变星，天文学家们将它们统称为大陵型变星或食变星。

接下去，还是这位聋哑少年古德里克，又发现了两颗新的变星：仙王δ星和天琴β星。直到1844年，人们认识的变星还只有6颗。然而，以后的发展却很快，20世纪后期所知的变星已经数以万计。

仙王δ星，中国古星名"造父一"。造父是周朝人，是驾车能手。还有一位王良，是春秋时代晋国人，也善于驾车。后来，"王良"也和"造父"一样，被用来作为星星的名字。古德里克发现仙王δ星是一颗变星时才20岁。我们根据图45，不难在天空中找到造父一：首先找到大熊座的北斗七星是很容易的事情，然后沿大熊β到大熊α的方向延长5倍左右就遇到了北极星（小熊α）；在北极星的另一侧，仙王（座）与仙后（座）并列；仙后座的5颗亮星组成一个W型，极易辨认；旁边的仙王座也不难找到，造父一就在它的一个角上。图中同心圆上的数字10°，20°……代表这些圈离开北极星（严格地说是离开北天极）的度数。

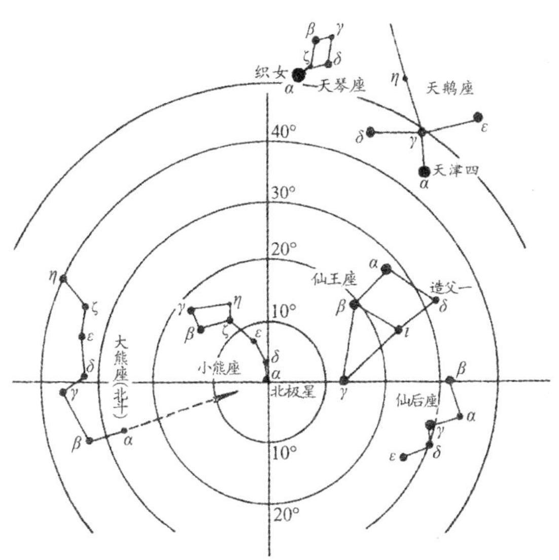

图 45　北极星附近的星空和造父一的位置

图中的数字 10°, 20°……代表相应的圆圈离北天极的度数

图 46 是造父一的亮度随着时间变化的情况，这种曲线名叫“光变曲线”。可以看出，造父一最亮时是 3.6 等，最暗时是 4.3 等，亮度的变化达到 1.9 倍。它从最暗变到最亮，又回复到最暗所需的时间，叫作它的“光变周期”。古德里克确定造父一的光变周期是 5.37 天，这是一个十分准确的数字。

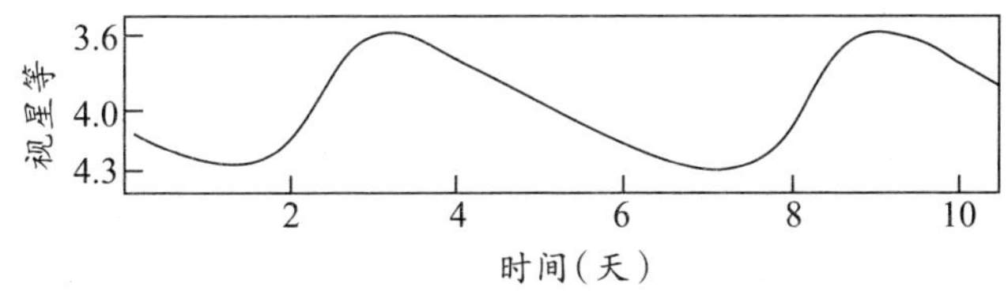

图 46　仙王 δ 星的光变曲线

凡是亮度变化的方式与造父一相类似的，也就是光变曲线与造

父一的光变曲线相似的变星，都称为“仙王δ型变星”，或称为“第一类造父变星”，有时也直接简称为“造父变星”。它们的光变周期多数在3～50天之间，而以5～6天的为最多。后来查明，造成这类变星光变的原因乃是整个星体在脉动。换句话说，它们的半径在时大时小地变化，整个星体在一胀一缩，有人戏谑地将这比作恒星在喘着粗气。

人们发现的造父变星数目与日俱增。有些造父变星的视亮度比其他造父变星亮，有的则是光变周期特别长。它们之间似乎并没有什么联系。这并不奇怪，因为视亮度与恒星的距离远近和发光能力两个因素都有关系。假如能把所有的造父变星统统移到同样远近再作比较，这时它们的亮度与光变周期是否会表现出某种规律性呢？例如，“体格强壮容光焕发”的那些造父变星，会不会“气喘”得不那么匆促呢？发光能力强（即绝对星等数字较小）的变星，光变周期会不会也长一些？

假如能测出这些造父变星的视差（三角视差或分光视差都行），我们便可以由它们的视星等推算出绝对星等，并可以研究绝对星等同光变周期之间究竟有没有什么联系。遗憾的是，没有一颗造父变星离我们近得足以测出它的三角视差。离我们最近的造父变星是北极星，就连它的距离也已经超出三角视差法力所能及的范围。同时，造父变星的光谱也与寻常恒星的光谱不一样，所以分光视差法对它们也不适用。

事情的转折点，在1912年出现。

一根新的测量标杆

1912 年，美国哈佛天文台的一位女天文学家勒维特（Henrietta Leavitt, 1868—1921）正在南美洲秘鲁的一座天文台研究大小麦哲伦星云。她观测了小麦云里的 25 颗造父变星，一一记录下它们的光变周期（2～120 天）和视星等（12.5～15.5 等）。结果，她惊喜地发现：光变周期越长的造父变星亮度也越大，非常有规律。

这事具有非常重要的意义。小麦云离我们远达 19 万光年（尽管当时还不知道这个数字），与这个距离相比，它本身的尺度可以说是很小的。所以我们可以认为，小麦云里所有的恒星，包括这些造父变星在内，距离我们大体上都一样远。这就好比每一个住在上海的人，不论他住在哪一幢房子里，到北京的距离大致上都是一样的。根据同样的理由，可以说在小麦云中，离我们最远的那颗星也并不比离我们最近的那颗星远多少。换句话说，勒维特已经把这些造父变星都"放到了"同样的距离上（尽管当时还不知道这个距离究竟是多远），进行比较的结果则是：亮度越大的，光变周期就越长。图 47 画出了大麦云和小麦云内的造父变星的"视星等—光变周期"关系图，根据上面谈的理由容易理解，它其实也反映了光变周期与绝对星等之间的某种联系。

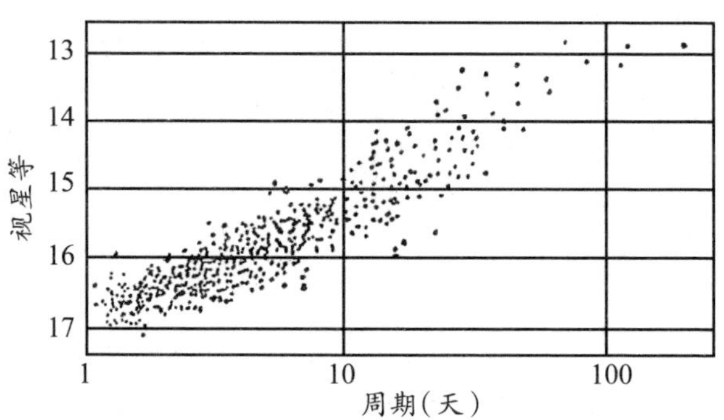

图 47　大麦云和小麦云中造父变星的“视星等—光变周期”关系图

这样，天文学家就获得了一根测量造父变星距离的相对标杆：只要两颗造父变星具有相同的光变周期，它们也就有相同的绝对星等。又倘若这两颗星的视星等并不相同，那么，由于光源视亮度与它到观测者的距离平方成反比，就可知道视亮度较大的距离就较近，视亮度较暗的距离就较远。假如，造父变星甲与造父变星乙的光变周期相同，而甲的亮度为乙的 9 倍，那么乙同我们的距离就是甲的 3 倍。于是，只要能定出任何一颗造父变星的距离或者绝对星等，那就可以知道其他所有造父变星的距离。换句话说，只要确定一颗造父变星的绝对星等，我们就可以将图 47 中的纵坐标由视星等换成绝对星等。

用绝对星等做纵坐标、光变周期做横坐标，做出的图叫作“周光关系”曲线。现在的问题是绝对星等的“原点”，即绝对星等数为零的这一点，应该在纵坐标轴上的什么地方。这是天文学中一个很有名的问题，叫作确定造父变星周光关系的零点。

既然任何一颗造父变星的距离都无法直接测量，人们便只好走一条迂回的道路。这要用到银河系内的造父变星，它们具有可以测量出来的自行。前文在讲述测定天鹅 61 星和半人马α星的距离时已经谈到,平均说来,离我们越近的恒星自行应该越大,越远的恒星自行显得越小。天文学家们先测量出某一群造父变星的自行,然后利用某种统计学的方法,获得它们近似的平均距离。具体的做法比较繁复,这里就不详谈了。总之,人们用统计方法定出一群造父变星的平均距离后,就可以进而确定它们的绝对星等,这样,周光关系的零点也就有了着落。最后，终于有了如图 48 那样的造父变星周光关系图。

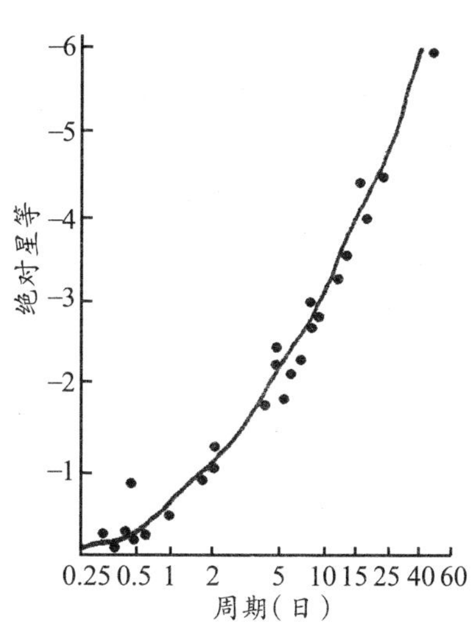

图 48　造父变星的周光关系图

这是一根新的标准量尺。我们举一个例子来说明，如何用它求出遥远造父变星的距离。例如,有一颗造父变星,根据观测知道它的视星等为 16 等，光变周期是 10 天。我们沿着后文图 50 中的虚线可以查出它的绝对星等是−4 等。那么，试问：它处于多远的地方才会暗成如我们所见的 16 等星呢？

16 等星与−4 等星相比,要差 20 个星等,这相当于亮度相差 1 亿倍。相应地，它的距离就要比 10 秒差距远 1 万倍，所以它离我们有 10 万秒差距,即 326 000 光年那么远。用三角视差法和分光视差法是不可能测量如此遥远的距离的。

这样求出的恒星视差叫“造父视差”。可以说，它是继分光视差之后进一步通向更遥远恒星的又一阶梯。它不仅能获得相当准确的结果，而且还能可靠地测定球状星团和河外星系的距离。因此，造父变星荣获了“示距天体”和“量天尺”的美名。

球状星团和银河系的大小

银河系的大小是将造父视差法应用于球状星团而定出的。

在茫茫太空中，恒星的“群居”乃是一种很普遍的现象。前面我们已经谈到过双星，它的两颗子星在万有引力作用之下互相绕转不已。如果是3颗星这样聚集在一起，它们就组成了“三合星”，半人马α双星加上比邻星便是这样一个三合星系统。同样还有四合星、五合星，如此等等。不过，通常当3颗以上到10来颗恒星聚集在一起时，我们又将它们称作“聚星”。更多的星星“抱成一团”时，便形成了“星团”。

星团可以分为球状星团和疏散星团两种。疏散星团又称为银河星团，因为它们大多位于银河带附近。疏散星团中包含的星数从几十至1 000以上，其中的恒星彼此间相距较远，一般容易用望远镜将它们分解为单个的恒星。至20世纪末，共计已经发现1 000多个疏散星团。

球状星团由成千上万乃至几十万、上百万颗恒星聚集而成，整个星团形成一个庞大的圆球，其直径从几十光年到四五百光年不等。在球状星团内恒星非常密集，平均密度要比太阳附近恒星分布的密度大50倍光景。在球状星团中心，恒星分布的密度更大到太阳附近恒星密度的千倍以上。迄20世纪末，在银河系中发现的球状星团约有150个，估计在整个银河系中这样的星团也许有500个左右。

第一个球状星团是恒星天文学之父威廉·赫歇尔发现的。他的观测纠正了康德认为天上所有的云雾状斑块（“星云”）都是“岛宇宙”的看法。比康德晚出生6年的法国天文学家梅西叶（Charles Messier，1730—1817）首先编出一份包含有103个这种天体的“星云表”。梅西叶原是一位热心搜寻彗星的人，然而在搜索的过程中却经常将那些星云与彗星相混淆。他将这些星云列成表后，“猎彗者”们就不会再受它们的愚弄了。此后，人们就用梅西叶表中的编号来称呼这些天体，例如M1、M2、M3……这里，M便是梅西叶名字的第一个字母。在梅西叶表中，仙女座大星云（其实，更正确地应该叫它“仙女座星系”，或“仙女星系”）列为第31号，故又名M31。赫歇尔用自己的望远镜观测到了更多的星云状天体，发现梅西叶所说的某些“无星的星云”其实是由一大群暗星密集而成的。例如，早在1714年哈雷已注意过的M13，便是这样一个巨大的星团。它位于武仙座中，包含着上百万颗恒星，因此人们将它称为武仙座大星团——银河系内的一个球状星团，如图49。

图49　球状星团M13，即著名的“武仙座大星团”，其中包含着上百万颗恒星

球状星团里有许多变星。例如,20世纪80年代初,人们累计已在银河系内的96个球状星团中发现了2 000多颗变星,其中大部分是“天琴RR型变星”,其余的则多为“室女W型变星”。天琴RR型变星又叫“短周期造父变星”,其光度变化周期仅为四五小时到一天多。正因为它们常出现于球状星团中,故又称为“星团变星”。室女W型变星又叫“第二类造父变星”,光变周期以10~20天的居多,其典型代表便是室女W星。这两类变星也像仙王δ型变星一样,各自存在着确定的周光关系。

在图50中,一并画出了上述三类变星的周光关系。我们可以清楚地看到,天琴RR型变星的绝对星等几乎总是同一个数值:0等左右,因此它们仿佛是太空中一支支标准的蜡烛,或是一盏盏瓦数固定的天灯,我们观测了它的视星等便可推算出它的距离。室女W型变星的周光关系与仙王δ型变星非常相似,将具有相同光变周期的第二类造父变星与第一类造父变星相比较,可以看出前者的绝对星等要比

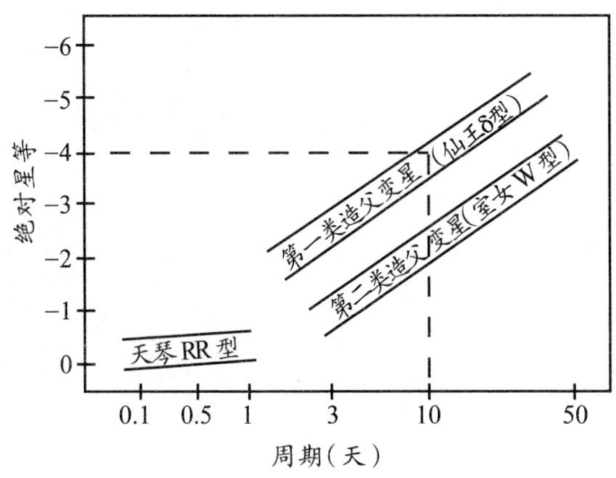

图50　第一类造父变星、第二类造父变星和短周期造父变星的周光关系

后者暗1.5~2等。总之,由于所有这些变星的周光关系都相当明确,所以都可以作为我们的“量天尺”和“示距天体”。

球状星团虽大，但是其本身的大小同它到我们这儿的距离相比仍然微不足道(其理由和前面说到小麦云时的情况是一样的),所以球状星团内这些“示距天体”所指示的距离便可以看作是整个球状星团同我们之间的距离。

求出每个球状星团的距离后，就可以勾画出一幅球状星团在我们银河系内的空间分布图了。结果表明，所有这些球状星团合在一起，又形成了一个更大的球——由一个个球状星团组成的更大的集团。它包围着整个银河系,仿佛是银河系四周的一圈晕轮。

最先从事这种研究的,是美国天文学家沙普利(Harlow Sharpley,1885—1972)。他利用周光关系确定了当时所知的69个球状星团的距离,于1918年构造了一个新的银河系模型:银河系的形状似透镜,直径约70 000秒差距,厚度约7 000秒差距。这要比卡普坦估算的数值大得多。更有意思的是,沙普利发现这些球状星团在天穹上的分布是不均匀的,绝大多数都位于半边天空中,并且有1/3左右集中在只占整个天空范围2%的人马座内。他由此推断:我们所处的太阳系并不像赫歇尔和卡普坦以为的那样在银河系的中心,而是远离中心偏向同人马座方向相反的那一侧。银河系的中心,应该正是诸球状星团构成的那个大球的中心,它就在人马座的方向上,如图51。

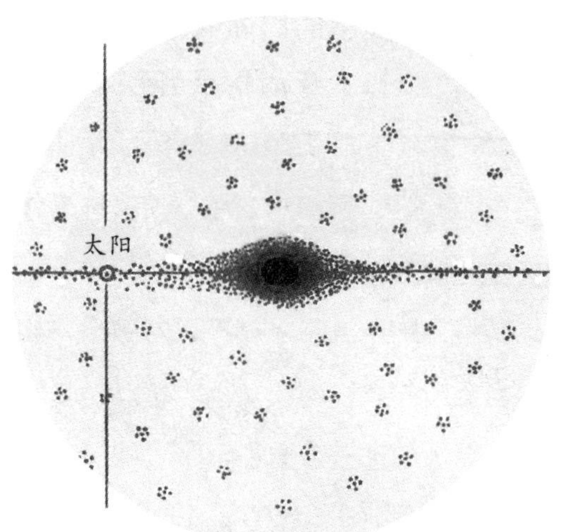

图 51　球状星团的不均匀分布，意味着太阳并不在银河系的中心

图中每一小团星代表一个球状星团。显然，从太阳的位置上看，右半边的球状星团比左半边多得多

后来的研究表明，这一次沙普利走过头了。他把银河系估计得过高了——银河系并没有这么大。原因是他没有考虑到银河系内有许多巨大的“星际尘埃云”，它们阻碍了我们的视线。他所研究的一些球状星团被尘埃云所遮蔽，使这些星团中的造父变星看起来显得更暗了，于是人们以为它们处于更加遥远的地方，结果便是把银河系估计得过大了。

如何估计这种“星际消光”造成的影响，这也是一件很麻烦的事情。不过，天文学家们终究还是想办法解决了这个问题。修正了星际消光的影响后，推算得到的银河系直径大致是 100 000 光年。

巡天遥测十亿岛

M31(仙女星系)的视星等是4等左右。全天亮于20等的河外星系约有2 000万个,平均说来在满月那么大小的一块天空上就有100来个。若从最亮的星系开始，一直观测到目前最大的望远镜力所能及的最暗星系(可暗于26等),则总数可达数百亿,甚至上千亿个。然而,我们如何得知这数以亿计的岛宇宙的距离呢?

至20世纪初,人们对这些云雾状天体的距离还一无所知。1912年,勒维特发现了小麦云中造父变星的周光关系后,人类才确切地认识了第一个河外星系。

1917年,美国天文学家里奇(George Willis Ritchey,1864—1945)从在威尔逊山天文台所拍摄的一张星云照片中发现了一颗新星。这个星云名叫NGC 6949,NGC是1888—1910年出版的《星云星团新总表》(*New General Catalogue*)的简称,NGC 6949则是该表中编号为6949的天体。同年,另一位美国天文学家柯蒂斯(Heber Doust Curtis,1872—1942)也在仙女座大星云里,以及在其他类似的"星云"中发现了新星。到了1918年,柯蒂斯在仙女座大星云里发现的新星已经很多,这使他认为必须当真将这个"星云"看作十分遥远而巨大的恒星系统了。这是因为新星在天空中本是罕见的。除非仙女座大星云包含着极其众多的恒星,否则是不会在其中涌现出那么多新星的。可是,这块星云看上去那么暗,那么小,所以它必定远得出奇。所有这些新星的视亮度都比我们偶然见到的普通新星暗得多，这又为它们距离遥远增添了一个佐证。柯蒂斯由此估计，仙女座大星云同我们的距离大约是500 000光年。

1918年末，地处美国加利福尼亚州的威尔逊山天文台上落成一架新的望远镜，它的反射镜口径达2.54米。在30年之内，它一直是天文望远镜之王。直到1948年，其冠军宝座才让位于那时刚落成的帕洛玛山口径 5.08 米的反射望远镜。美国天文学家哈勃（Edwin Powell Hubble，1889—1953，图52）经过几年不辞辛苦的努力，终于在1923—1924年间使用上述2.54米反射望远镜，在M31的边缘部分分解出大量暗弱的单个恒星，从而直接证明了M31果真是一个遥远的星系。

图52　20世纪最杰出的天文学家哈勃，他被人们尊称为“星系天文学之父”

1942年，第二次世界大战期间，旅美德国天文学家巴德（Walter Baade，1893—1960）在美国利用洛杉矶市实行战时灯火管制，从而使威尔逊山附近的夜空分外黑暗的好机会，也是使用那架2.54米反射望远镜(图53)，首先成功地分辨出M31内部区域的单颗恒星。

图53　美国威尔逊山天文台口径2.54米的反射望远镜

我们必须在M31中找到“量天尺”——造父变星，才能知道它的确切距离。1924年，哈勃做到了这一点。他利用周光关系，对M31中的造父变星与小麦云中的造父变星进行比较，断定前者要比后者远5倍以上，当时认为小麦云离我们约160 000光年，于是M31与我们相距应达800 000光年以上。

可是25年以后，巴德弄清了M31的实际距离比这还要远。由于在相当长一段时间内，人们并不懂得有第一类造父变星和第二类造父变星的差异，所以，当初哈勃是将M31中的第一类造父变星与小麦云中的第二类造父变星不加区别地进行比较的。考虑到这一点（以及一些别的因素)后，重新确定的M31的距离是2 200 000光年。

造父变星是测定一切河外星系距离的出发点。只要在某一个河外星系中发现了一颗造父变星，我们便立即可以获悉它的距离。然而，有那么多的星系是如此的遥远，以至于用世界上最大的天文望远镜也无法看到它里面的最亮的造父变星，这时又该如何处置呢？

正如三角视差法和分光视差法各有自己的“势力范围”一样，造父视差法也有自己的极限。当星系的距离远到约5000万光年时，我们就必须采用一些更间接的方法，来测量它们的距离了。

宇宙中的星系有明显的“抱团”倾向，星系团就是由十几个、几十个乃至成千上万个星系群居在一起组成的集团。星系团之由星系组成，宛如星团之由恒星组成一般。星系团中的每一个星系都称为该星系团的成员星系，诸成员星系之间有着力学上的联系（通常就是各成员星系间的万有引力）。目前已发现的星系团为数可以万计，大多数星系都是各种星系团的成员。

成员星系数目在100以下的、较小的星系团，通常又称为“星系群”。本星系群就是我们银河系身处其中的这个星系群，它由银河系、仙女星系等数十个大小不等的星系组成。就像光度和质量大的恒星叫巨星，光度和质量小的恒星叫矮星那样，光度和质量大的星系叫巨星系，光度和质量小的便叫矮星系。又好比恒星有双星、三合星……那样，星系也有双重星系、三重星系等类似的名称。本星系群的几十个成员中有两个是巨星系，它们便是银河系和仙女星系M31。它们各与一些离它们较近的较小星系聚集成银河系“次群”和仙女星系“次群”，我们可以这样概括地来表示它们的组合情况：

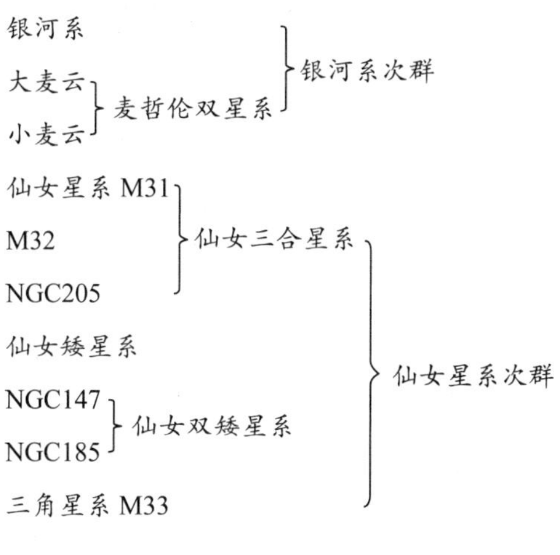

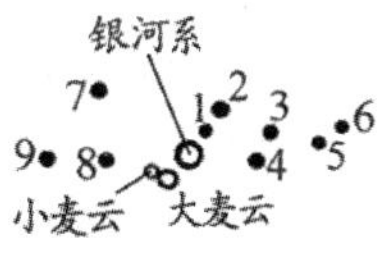

图 54　银河系的近邻——本星系群的部分成员

图中数码代表：1. 天龙星系　2. 小熊星系　3. 大熊星系　4. 六分仪 C　5. 狮子 Ⅰ　6. 狮子 Ⅱ　7. 飞马星系　8. 玉夫星系　9. 天炉星系　10.NGC221　11.NGC205　12.NGC185　13.NGC147

图 54 是本星系群部分成员的分布示意图。表 5 列出本星系群之外某些较亮星系的概况，其中也包括它们的距离。

表 5　一些较亮星系的概况（不包括本星系群的星系）*

NGC	又名	类　型	视星等	视直径（角分）	距离（百万秒差距）	视向速度**（千米/秒）
55		旋涡	8.84	37.15	2.13	129
2403		旋涡	8.80	28.18	3.18	125
3031	M81	旋涡	7.79	28.18	3.63	−38
3034	M82	不规则	9.06	11.48	3.53	183
3115		椭圆	9.87	8.51	9.68	681
4258	M106	旋涡	9.10	18.62	7.83	447
4594	M104	旋涡	8.98	11.75	9.30	1090
4736	M94	旋涡	8.70	15.14	4.66	308
4826	M64	旋涡	9.30	13.80	4.37	409
5055	M63	旋涡	9.32	16.22	8.99	500
5128	半人马 A	椭圆	7.84	34.67	3.75	556
5194	M51	旋涡	8.61	15.85	8.40	446
5236	M83	旋涡	8.20	18.62	4.92	519
5457	M101	旋涡	8.31	30.20	7.38	240
7793		旋涡	9.72	14.13	3.91	227

*　资料来源参见 http://vizier.cfa.harvard.edu/viz-bin/VizieR?-source=J/AJ/145/101。

**　视向速度中，“+”表示运动方向是离我们而去，“−”表示向我们而来。事实上，除了本星系群中的一些星系正在朝向我们运动而外，较远的星系都在离开我们，而且总的说来，越远的星系退行得越快。详见“耐人寻味的红移”一节。

在本星系群以外，离我们最近的那个星系团位于室女座内，故称室女星系团。它与我们相距 6 000 万光年，其成员星系在 2 500 个以上。

有些大的星系团，例如著名的后发星系团，可以有上千个比较明亮的成员。后发星系团位于后发座方向，距离我们约 350 00 万光年，它的直径达 800 万光年左右，包含的星系总数可能超过 10 000 个。那儿的星系比较密集，各星系间的平均距离大约只有 30 万光年，而银河系附近星系的平均距离则差不多为 3 00 万光年。

有趣的是，若干星系团又会聚集成更高一级的集团，称为“超星系团”，或者称为“二级星系团”。本星系群同附近50个以上的星系群和星系团构成的超星系团称为“本超星系团”，其中也包括上面所说的室女星系团。超星系团的外形往往是扁长的，本超星系团的长径大约是1亿~2亿光年。

很自然地，人们会想到：超星系团是否还会进一步聚集形成更高级的“三级”“四级”星系团呢？这种想法很吸引人，不过目前的天文观测资料并未显示出这样的迹象。

下面，继续向大家介绍，天文学家怎样量出了更遥远星系的距离。

欲穷亿年目　更上几层楼

接力棒传给了新星和超新星

认识遥远的天体，量度它们的距离，这犹如一种规模宏大、历程漫长的接力跑。它的起点是人类的老家地球。起跑后的第一棒叫作“三角视差法”，它一直跑到100秒差距开外才把接力棒递给了下一位选手“分光视差法”。“分光视差法”在银河系内可算是进退自如，但是拍摄一颗恒星的光谱毕竟比拍摄一颗恒星本身困难得多，因此即使用目前世界上第一流的大望远镜，即使对于光度大到绝对星等为0等的恒星，当它远到100 000秒差距时，我们也就很难获得它的光谱了。这样，自然再也谈不上什么分光视差。

这时，短周期造父变星和长周期造父变星分头接过了接力棒。由于所有天琴 RR 型变星的绝对星等均为 0 等左右，因此当它们远达 500 000 秒差距时，视星等便降到了约 24 等，更远的天琴 RR 型变星就更暗了，这已接近目前最大天文望远镜的观测极限。另一方面，由仙王δ型变星的周光关系可知，此类变星中光变周期最长者可亮到绝对星等−6.5 等左右，当它们的距离在 1 300 万秒差距以外时，视星等也降到了约 24 等；而室女 W 型变星还不如它亮。所以，“造父视差法”力所能及的范围，大致也就是 1 300 万秒差距。

很自然地，人们会想到，如果能找到发光能力比造父变星更强的某种恒星作为我们的“标准烛光”或“标准灯泡”，那么，即使这些天灯悬浮在太空中更加遥远的地方，也还是能为我们照亮那儿的里程碑。

于是，新星和超新星从造父变星手里接过了接力棒(图 55)。天文学家发现，当银河系里的新星爆发达到最亮的时候，它们的绝对星等彼此相差并不很多，大致都在−5.5 ~ −9.5 等的范围内，平均说来约为−7.3 等。因此，如果把所有新星的绝对星等都当作−7.3 等的话，那么这与实际情况相比，至多也不过相差 2 个星等而已，这相当于亮度有 6.3 倍的误差，而由此推算出来的距离之不确定性则在 2.5 倍以内。从日常生活的角度来看，测量一个目标的距离如果与实际情况差到 2.5 倍，那恐怕是很不能令人满意的。但是在天文工作中，在没有更好的办法的情况下，这也就算可以了。因为，这样的结果至少能给人一种相当具体的印象：我们关心的目标究竟是在 10 000 秒差距、100 000 秒差距、1 000 000 秒差距，还是远在 10 000 000 秒差距以外呢？

图 55　测量天体距离的接力棒传给新星和超新星寓意图

确定新星距离的实际方法是：当一颗新星出现时，观测其亮度增到极大时的视星等，并假定它的绝对星等就是上面所说的−7.3 等，将两者作一比较，立即便可得出距离。当距离达到 1 800 万秒差距时，绝对星等−7.3 等的恒星便减暗到视星等约 24 等。超出这个范围，新星也就很难使上劲儿了。

然而，超新星却比新星强得多。20 世纪 70 年代以来，对超新星的研究有相当大的进展。超新星可以分成两种类型，I 型超新星（严格说来是其中的一个子型，即 Ia 型超新星，详见后文“膨胀的宇宙”一节）的平均绝对星等约为−19 等，比太阳亮 40 亿倍光景；Ⅱ型超新星的平均绝对星等约为-17等，约比太阳亮6亿倍。确定超新星距离的方法与新星相同,例如,当一颗Ia型超新星出现时,观测其亮度增到极大时的视星等,并假定它的绝对星等就是上面所说的-19等,将两者作一比较,便可得出距离。容易算出,对于Ia型超新星,测量的距离可远达40亿秒差距;对Ⅱ型超新星,也可达约15亿秒差距。

测定新星和超新星距离的意义不仅在于知道它们本身有多远,而且可以利用它们确定球状星团和河外星系的距离。在任何一个球状星团或河外星系中,只要发现了新星或超新星,那么这些星的距离也就是该星团或星系的距离，这和造父视差法测定星系距离的道理是一样的。

不过,倘若我们急于测出某个星团或星系的距离,而偏偏并没有新星或超新星出现于其中,那又如何是好呢?

当然,探索大自然奥秘的人绝不能守株待兔。在目前的情况下,还可以让亮星来为我们效劳。

亮星也来出一把力

大半个世纪以前，沙普利详尽地研究了球状星团。他根据球状星团成员星向中心密集的程度，将它们分成12级：第Ⅰ级的中心密集程度最高,第Ⅻ级的中心密集程度最低。当时有48个球状星团是观测得非常仔细的，沙普利将这每一个星团内的亮星都按亮度大小排了队。他认为最亮的那些星很有可能并不真正属于星团，而是位于星团和我们观测者之中途。于是，他把每个星团中视亮度最亮的 5 颗星先去掉（无疑，这有相当大的主观随意性）。然后，他发现属于第Ⅰ级的各个球状星团中，第六亮的星平均比天琴 RR 型变星亮 1.77 等，因此它们的绝对星等约为−1.8 等，第三十亮的星平均比天琴RR型变星亮 1.04 等，因此它们的绝对星等大致为−1 等；属于第Ⅻ级的各个星团中，第六亮的星平均比天琴RR型变星亮 1.3 等，因此其绝对星等为−1.3 等，第三十亮的星平均绝对星等则为−0.7 等。从第Ⅱ到第Ⅺ各级星团，也各有相应的具体数据。于是，即使在一些球状星团中没有出现新星或超新星，而且它们又远得使天文学家无法看到其中的天琴RR型变星，人们也还是可以利用这些亮星来推算它们的距离。

对于河外星系，也可以采用类似的办法。在银河系里，最亮的恒星主要是光谱型为 O 型和 B0 − B2 型的，以及一些沃尔夫−拉叶星。它们的平均绝对星等为−7 等左右。于是，天文学家便将某些河外星系（具体地说，是指所谓的“旋涡星系”，银河系和仙女星系都是典型的旋涡星系）中的同类恒星的绝对星等也取作−7 等，这样就可以根据这类亮星的视星等推算出它们所在星系的距离。用这种办法测到的最远距离大致为 13 000 000 秒差距，与利用新星的测量范围相近。

由大小知距离

即使是远得无法分辨其中的单个恒星的球状星团或河外星系，天文学家也还是有办法对付它们的。

这时，可以根据星团和星系的大小来估计它们的远近。这种方法的基本原理,就是大家熟知的物体的“近大远小”。

比如太阳和月亮,它们在天空中看起来仿佛一样大,其实太阳的直径却是月亮的400倍。凑巧,太阳恰好又比月亮远了400倍,所以它们的视角径(即它们的圆面在天空中向我们张开的角度)便几乎相等,都是32′左右。从地球上看任何一个天体的视角径,总是同该天体与我们的距离成反比。换句话说,如图56,只要我们知道了一个天体的直径D(例如是多少千米或若干光年),又通过观测知道了它的视角径α,那么就可以通过下面这个再简单不过的公式算出它的距离r:

$$r=D/\alpha$$

反过来,如果我们知道了一个天体的距离r和它的视角径α,那么又可以根据公式$D=r\cdot\alpha$计算出它的直径D。

图56　天体的直径D、视角径α和距离r三者的相互关系

人们已经用前面谈到的一些方法(例如利用天琴RR型变星,利用新星或亮星等)求出若干球状星团的距离,并据此从它们的视角径求出直径。结果是:球状星团的直径在20~150秒差距之间,平均直径约为80秒差距。倘若我们假定,某个距离未知的球状星团的直径也是80秒差距,那就可以从观测它的视角径推算出它的距离了。

不过,由这种方法得到的结果很不准确。这是因为:第一,如果一个球状星团的直径其实是20秒差距,而我们却认为它是80秒差距,这样直径就差了4倍,求出的距离也会差到4倍;第二,准确确定球状星团的视角径本身也很困难,因为一个星团中的成员星,越往星团的外围区域就变得越稀疏,到了星团的最外围就很不容易分清楚哪些星属于星团,哪些星不属于星团了。

从视角径求河外星系的距离,原理、方法都和球状星团的情况一样,但问题还要更严重些。由于大星系的直径(可达几万秒差距)要比小星系的直径(仅几千秒差距)大许多倍,因此用平均直径代替每个星系的直径也就更不可靠了。星系的视角径也很不容易定准,它严重地受到拍摄星系照片时的观测条件的制约。

总之,这种方法只能粗略地推测星团和星系的距离。但是,它可以同用其他方法求出的距离互相比较、互相校验。

集体的贡献:累积星等

当星团或星系十分遥远时,我们无法分辨其中的单颗恒星,当然也无法用单星来确定它们的距离。这时,除了“从大小知远近”外,还可以利用星团和星系的“累积星等”求出距离。

累积星等代表了把星团或星系中的全部恒星统统加在一起究竟有多亮,这是一种“集体的贡献”。它也可以用视星等和绝对星等来表示。这时,尽管每颗星的光芒已暗不可见,但它们联合起来却仍使整个星团或星系耀然天际。

对于已经求出距离的每个球状星团,当然可以从它们的视星等一一求获绝对星等。结果发现球状星团的平均绝对星等约为−7.4等。如果认为距离尚未知晓的球状星团的平均绝对星等亦为−7.4等,那么又可以反过来,将它与视星等进行比较从而得出距离。利用这一方法,可测出数千万秒差距(上亿光年)远的球状星团及其所在星系的距离。

关于如何求球状星团距离的方法,我们就介绍到这里。表6选列了一些球状星团的视亮度、大小和距离。应该指出,在球状星团的中央,恒星很密集;越向外围,恒星分布的密集程度就越低;到接近星团边缘处,恒星的分布就非常稀疏了。也就是说,球状星团其实并没有一个很明锐的边界。因此,要确定一个球状星团的直径究竟有多大,实在是非常困难的。为了克服这种随意性,天文学家们想了一个办法,那就是用“有效半径”来表征球状星团的大小,有效半径的定义是:球状星团在此半径范围内的光亮度正好占星团的总亮度之半,因此它又称为“半光半径”。表6中的第3列给出的便是球状星团的“有效角半径”。

表6 一些球状星团的视亮度、有效半径和距离*

NGC	又名	有效半径（角分）	距离（千秒差距）	累积视星等
104	杜鹃 47	3.17	4.5	3.95
4590	M68	1.51	10.3	7.84
5024	M53	1.31	17.9	7.61
5139	半人马ω	5.00	5.2	3.68
5272	M3	2.31	10.2	6.19
5904	M5	1.77	7.5	5.65
6121	M4	4.33	2.2	5.63
6205	M13	1.69	7.1	5.78
6218	M12	1.77	4.8	6.70
6266	M62	0.92	6.8	6.45
6273	M19	1.32	8.8	6.77
6341	M92	1.02	8.3	6.44
6656	M22	3.36	3.2	5.10
6809	M55	2.83	5.4	6.32
7078	M15	1.00	10.4	6.20

* 表中 NGC 104 又名杜鹃 47，NGC 5139 又名半人马ω，人们起初以为它们是单个的恒星。本表资料来源可参见 http://physwww.mcmaster.ca/~harris/mwgc.dat。

至于不同的星系，累积绝对星等的差异很大。哈勃曾按外形的不同将星系分为三大类，即旋涡星系、椭圆星系和不规则星系。旋涡星系具有旋涡状的结构，中心区域呈透镜状，周围绕有扁平的圆盘，从星系核心部分伸出若干条螺旋状“旋臂”，叠加到圆盘上，如图 57。椭圆星系呈椭球形或圆球状，中心区域最亮，向边缘亮度逐渐减弱。不同椭圆星系的质量差异非常大，质量最小的矮椭圆星系仅与球状星团相仿，大致相当于 100 万个太阳；质量最大的超巨椭圆星系则可达太阳质量的数万亿倍。不规则星系的外形不规则，也没有明显的核心和旋臂，在全天的亮星系中它们只占 5%左右。仙女星系 M31

和银河系都是旋涡星系，大小麦云则均属不规则星系之列。

NGC 2811 Sa 型

NGC 2841 Sb 型

NGC 628 M74 Sc 型

图 57 旋涡星系可以分为三种次型，分别称为 Sa 型、Sb 型和 Sc 型

Sa 型（左图）的旋臂缠绕得最紧、Sb 型（中图）的旋臂比较舒展，Sc 型（右图）的旋臂最为松开

我们关心的，是各类星系的累积绝对星等，它们的情况如表 7 所示。可以认为待测距离的那个星系的绝对星等，就等于它所属那种类型的星系的平均绝对星等，于是与视星等相比较，距离问题便迎刃而解了。

表 7 各类星系的累积绝对星等

星系类型	绝对星等范围	平均绝对星等
椭圆星系	−9～−23 等	−16 等
旋涡星系	−15～−21 等	−18 等
不规则星系	−13～−18 等	−15.5 等

当然，因为各类星系绝对星等的范围都扩展得很广，所以这种方法仍然不是很准确的。不规则星系和旋涡星系的情况较好，按此测出的距离与实际情况至多不过相差三四倍；椭圆星系则有可能差到二三十倍。

读者已经看到，在走向离我们数亿光年甚至数十亿光年的极遥远星系时，人们是如何成功地攻克了一个又一个难关，我们的接力跑如何一棒又一棒地往下传。现在，我们依然在这条通往百亿光年之外的崎岖道路上，步履艰难却又坚定不移地一步步前进着。古人有言："欲穷千里目，更上一层楼。"在我们这里却是"欲穷亿年目，更上几层楼"了。

最后，我们再介绍一种饶有兴味而卓有成效的方法。为此，我们先从光谱线的"红移"谈起。

耐人寻味的红移

当火车疾驶经过车站时，车站上的人会觉得火车的汽笛声发生了变化：当火车奔向我们而来时，汽笛声便越来越尖；当火车离我们远去时，汽笛的音调又逐渐降低。1842年，奥地利物理学家多普勒（Christian Johann Doppler，1803—1853）首先阐明造成这种现象的原因。他指出：当火车趋近我们时，每秒钟到达我们耳朵里的声波个数就比火车静止时多，因为这些声波除了从静止声源（汽笛）出发时按正常速度传播外，另外还附加了火车行驶的速度；而当火车离去时，每秒钟传到我们耳中的声波数目要比火车静止时少些，因为这些声波传来的速度变慢了，它等于声源（汽笛）静止时的声速减去列车的速度。总之，汽笛声的音调变化，乃是由于声源的运动使每秒钟撞击我们耳膜的声波数目发生了变化。这种现象，就称为"多普勒效应"。

多普勒效应不仅适用于声波，而且也适用于光波。一个高速运动的光源发出的光，到达我们的眼睛时，其波长和频率也发生了变化，也就是说它的颜色会有所改变。多普勒本人就曾指出：恒星的颜色必定会按它接近或远离我们的速度不同而发生不同程度的变化。这种看法原则上显然是无可非议的，可是实际上却不尽然。因为恒星运动的速度要比光速小得多，所以由恒星运动造成的光波波长变化是微乎其微的，它们根本不会导致恒星的颜色发生任何可察觉的变化。

1848 年，法国物理学家斐佐（Armand Hippolyte Fizeau，1819—1896）指出：观测光波的多普勒效应，最好的办法乃是测量光谱线位置的微小移动。当恒星趋近我们时，有如火车向我们驶来，这时星光的“光调”也会升高，也就是光波的频率增高，波长变短，于是光谱线往光谱中的紫端（波长较短的一端）移动；反之，当恒星远去时，光谱线便向光谱的红端移动，因为这时“光调”降低，频率低了，波长就变长，如图 58。天文学家们通过测定光谱线“红移”或“紫移”的程度，便能计算出恒星在观测者的视线方向上趋近或离去的速度，这就是所谓的“视向速度”。

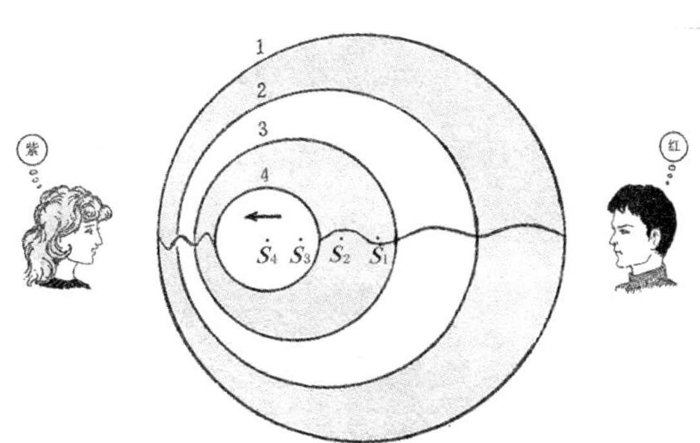

图 58　光波的“多普勒效应”原理图

当光源朝向观测者运动时，观测者将发现光波的波长变短，于是光谱线往整个光谱的紫端移动；当光源远离观测者而去时，观测者将发现光波的波长变长，于是光谱线便向光谱的红端移动

1868年，英国天文学家哈金斯（William Huggins，1824—1910）首先测得天狼星正以 46.5 千米/秒的速度远离我们而去。如今我们知道，天狼星其实是以8千米/秒的速度朝向我们而来，所以哈金斯测得并不准。然而，这毕竟是第一次尝试。因此，哈金斯的工作在天文学史上仍然占有光荣的一席。1890年，美国天文学家基勒（James Edward Keeler，1857—1900）测出了大角星（牧夫α）正以6千米/秒的速度朝我们靠拢。这个数字说明当时的测量水平已经很高，如今我们知道大角星正以5千米/秒的视向速度向着我们而来。

利用多普勒效应也可以研究星系的运动。1912年，美国天文学家斯莱弗（Vesto Melvin Slipher，1875—1969）发现，仙女星系M31正以约200千米/秒的速度向我们奔驰而来。可是两年以后，当他测出了15个星系的视向速度后，发现其中竟有13个星系都在以几百千米每秒的速度远离我们而去，在这些星系的光谱中，光谱线都有红移。然而，为什么这么多的星系都要“逃离”我们呢？这确是一个令人费解的问题。

对星系视向速度的研究在继续进行着。通常，人们用字母z来代表一个天体的“红移量”，或者干脆就简称为“红移”。它可以这样来计算：如果将光谱中处于正常位置（即未移动）的某一光谱线的波长记作λ_0，由于存在视向速度而使该光谱线移动到波长为λ的位置上，则两者之差（$\lambda-\lambda_0$）为波长位移的净大小，红移量z与它们有着如下的关系：

$$z=\frac{\lambda-\lambda_0}{\lambda_0}$$

另一方面，红移z和视向速度v_r成正比，写成公式就是：

$$z=\frac{v_r}{c}$$

其中c是光速，为300 000千米/秒。①

1929年，哈勃研究了业已用前述各种方法确定距离的24个星系的红移。结果发现距离越远的星系红移越大；而且，距离和红移之间有着良好的正比关系，这便是著名的“哈勃定律”。哈勃定律既可以用图的形式来表示，如图59，也可以写成如下的简单公式：

$$z=H\cdot\frac{r}{c}$$

即

$$v_r=cz=H\cdot r$$

或者

$$r=\frac{1}{H}\cdot cz=\frac{v_r}{H}$$

其中c是光速，r是星系的距离，z是星系的红移，v_r是星系的视向速度。H是一个比例常量，称为“哈勃常量”。哈勃常量要根据天文观测来推算，但它的具体数值很不容易定准。例如，1974—1976年，美国天文学家桑德奇(Allan Rex Sandage，1926—2010)等人曾采用多种不同的方法，推算得出$H=55$千米/秒/百万秒差距。它的意思就是说，河外星系的距离每增加1百万秒差距，它退离我们的视向速度便增加55千米/秒。

---

① 当天体的视向速度非常大(例如，大到每秒几万千米，甚至大到接近于光速)的时候，必须改用以下这个较为复杂的公式：

$$z=\left[\left(1+\frac{v_r}{c}\right)\Big/\sqrt{1-\frac{v_r^2}{c^2}}\right]-1$$

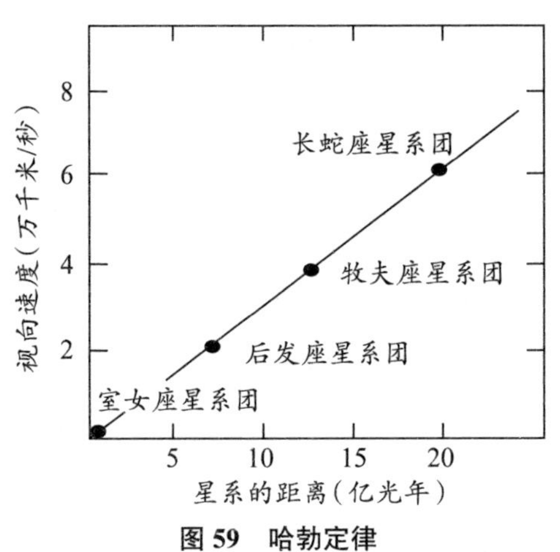

图 59　哈勃定律

越远的星系退离我们的视向速度就越大，因而其红移也越大

2009 年 5 月，美国国家航空航天局发布新得出的哈勃常量值 $H=74.2$ 千米/秒/百万秒差距，其不确定度在 5%以内。2013 年 3 月，欧洲空间局又宣布最新推算得出的结果：$H=67.80$ 千米/秒/百万秒差距，误差值为 ± 0.77 千米/秒/百万秒差距。

有了哈勃定律，我们就可以通过观测河外星系的光谱，测量出它的光谱线的红移量，进而求获它的距离了。

容易明白，我们可以将一个星系团或星系群中任意一个成员星系的距离看作整个星系团或星系群的距离。这种情况，同前面介绍的把星团或星系中某一成员星的距离视为整个星团或星系的距离是很相似的。

在前文的表 5 中，已经列出一些较亮星系(不包括本星系群中的星系)的名称、类型、视星等、大小、距离和视向速度。表 8 列出了一些星系团的概况。

表 8　一些星系团的概况

星系团名称	视角径（度）	距离（百万秒差距）	视向速度（千米/秒）	红移z
室女星系团	12	19	1 180	0.004
飞马Ⅰ星系团	1	65	3 700	0.012
巨蟹星系团	3	80	4 800	0.016
双鱼星系团	10	66	5 000	0.017
英仙星系团	4	97	5 400	0.018
后发星系团	4	113	6 700	0.022
武仙星系团	0.1	175	10 300	0.034
大熊Ⅰ星系团	0.7	270	15 400	0.051
狮子星系团	0.6	310	19 500	0.065
北冕星系团	0.5	350	21 600	0.072
双子星系团	0.5	350	23 300	0.078
牧夫星系团	0.3	650	39 400	0.131
大熊Ⅱ星系团	0.2	680	41 000	0.137
长蛇Ⅱ星系团		1 000	60 600	0.202

膨胀的宇宙

从上面几个表里可以看到，那些距离如此遥远的天体系统，都在以多么巨大的速度朝四面八方退离我们而去啊！这简直就像整个宇宙都在疯狂地膨胀一般。

多数天文学家对这种情况确实是这样解释的：目前我们所能观测到的整个宇宙（它的尺度超过 10 000 000 000 光年），正处在一种宏伟的膨胀之中。它有点像一个表面上沾了许许多多面粉颗粒的气球，气球膨胀时它表面上的任何一颗粉粒都会看见其他所有的颗粒都在远离自己，而且离得越远的粉粒退行的速度也越大。不管气球表面上的哪一颗面粉粒，看到的情景都是一样的。如果将每个星系都当作气球上的面粉微粒，那么星系普遍地彼此退行远离的图景也许就比较容易想象了，如图 60。

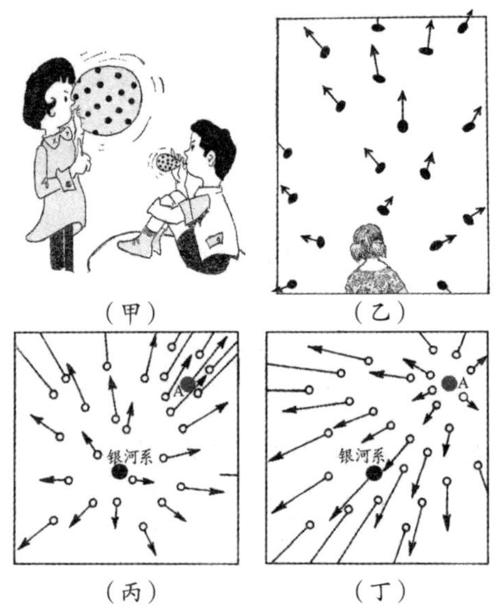

图 60　目前观测到的宇宙仿佛处在一种宏伟的膨胀之中

（甲）沾满了粉粒的气球在膨胀

（乙）所有的星系都在彼此分开

（丙）从银河系看其他星系都在彼此四散远离

（丁）从另一个星系 A 处看，仍然是其他星系都在彼此四散远离

可是，如果我们目前观测到的宇宙果真正在膨胀的话，那么这种不可思议的超级膨胀又是从什么时候开始的呢？造成这种膨胀的原因何在呢？专门研究这些问题的一门学科，叫作"宇宙学"，也叫"宇宙论"。它的依据是丰富多彩而层出不穷的天文观测事实，它的工具是一些深奥的物理理论和复杂的数学方程，同时它又是兴味盎然的。

对于这些问题，不同的人有不同的回答。例如，我们不妨想象，既然星系都在彼此四散分离，那么回溯过去，它们必然就比较靠近。如果回溯得极为古远，那么所有的星系就会紧紧地挤在一起。人们自然会想：宇宙也许正是从那时开始膨胀而来，也许那就是我们这个宇宙的开端吧！

首先这样描绘宇宙开端的是比利时天文学家勒梅特（Georges Henri Joseph Édouard Lemaître，1894—1966）。他于 1932 年提出，现在观测到的宇宙是由一个密度极大、体积极小、温度极高的“原初原子”膨胀而来的。包含宇宙中全部物质的那个原初原子常被谑称为“宇宙蛋”。它很不稳定，在一场无与伦比的爆炸中炸成无数碎片。这些碎片后来形成了无数的星系，至今仍在继续向四面八方飞散开去。

1948 年，美籍俄裔物理学家伽莫夫（George Gamow，1904—1968）等人继承并发展了勒梅特的想法，从理论上计算了那次爆炸的温度，计算了应该有多少能量转化成各种基本粒子，进而又怎样变成了各种原子，等等。他们的这一理论，就是著名的“大爆炸宇宙论”。几十年来，大爆炸宇宙论因成功地解释了众多的天文观测事实，而成为当代最有影响的宇宙学理论。

例如，大爆炸宇宙论推断，宇宙早期温度极高的热辐射在经历了多少亿年的冷却之后，如今应该已经降低到了区区几开（相当于约 −270℃），应该可以用射电望远镜在微波波段探测到它的遗迹。1964 年，美国贝尔电话实验室的两位无线电工程师彭齐亚斯（Arno Allan Penzias，1933 年生）和威尔逊（Robert Woodrow Wilson，1936 年生）研制了一台新的天线，目的是为查明干扰通信的天空噪声来源。这台天线自身的噪声很低，方向性又很强，因此也很适合进行射电天文学观测。彭齐亚斯和威尔逊在波长 7.35 厘米的微波波段进行测量，结果发现在扣除所有已知的噪声来源（例如地球大气、地面辐射、仪器本身的因素等）之后，总还是存在着某种来源不明的残余微波噪声。这种微波噪声不随昼夜和季节而变化，而且又是各向同性的。最后，彭齐亚斯和威尔逊确定：这种来历不明的“多余噪声”，正是大爆炸宇宙论预言应该存在的宇宙微波背景辐射。宇宙微波背景辐射的发现，使大爆炸宇宙论得到了普遍公认。1978 年，彭齐亚斯和威尔逊因此而荣获当年的诺贝尔物理学奖。

宇宙大爆炸究竟发生于何时？目前的最佳估计是 138 亿年前。宇宙学家们曾经很自然地认为，既然大爆炸的原初推动力已经消失，那么宇宙膨胀的速率就应该逐渐放慢。但出乎人们意料的是，目前宇宙实际上竟在加速膨胀！发现宇宙加速膨胀的最初线索来自超新星。超新星有 Ⅰ 型和 Ⅱ 型两大类。根据光谱特征的不同，Ⅰ 型超新星又可细分为几个子类。对于测定距离而言特别重要的是：所有 Ⅰa 型超新星的光度都近乎相同，它仿佛是一种超级的标准烛光，只要将一颗 Ⅰa 型超新星的视亮度与其光度作一比较，就很容易推算出它的距离。1998 年，美国的两个研究小组各自独立地通过搜索遥远星系中的 Ⅰa 型超新星，发现它们要比原先认为的更加遥远，这正表明如今宇宙的膨胀比早先更快了。宇宙的加速膨胀彻底动摇了人们对宇宙的传统理解。究竟是什么力量促使所有的星系彼此加速远离？这种与引力相对抗的力量究竟是什么？科学家们虽然对此一无所知，但还是先给它起了个名字，即“暗能量”。

上述两个研究小组之一，由美国物理学家索尔·珀尔马特（Saul Perlmutter，1959年生）领导，另一个小组以澳大利亚天文学家布赖恩·施密特（Brian Schmidt，1967年生）和美国天文学家亚当·盖伊·里斯（Adam Guy Riess，1969年生）为主。在他们发现宇宙加速膨胀之后，其他天文学家也另辟蹊径证实了这一发现。迄今为止，人们对暗能量本质依然所知甚微。揭开暗能量之谜，是21世纪天文学和物理学的头等大事。珀尔马特、施密特和里斯因为观测遥远超新星而发现当前宇宙正在加速膨胀，从而共同荣获了2011年的诺贝尔物理学奖。

当然，大爆炸理论也还有一些尚待解决的问题。不过，本书的主旨并非深入讨论宇宙学的细节，而有关测量天体距离的种种方法，至此就告一段落了。

尾　　声

类星体之谜

为了测天，人类巧铸了各式各样的“量天尺”。凭着它们，天文学家已经量出近到月球远至星系和星系团的各式各样天体的距离：从几十万千米直至几十亿光年，它们的远近相差达 100 000 000 000 000 000 倍以上。然而，在茫茫太空之中却还有那么一些显赫的天体，它们的距离仿佛是个谜。为此，我们得先从太空深处众多的“电台”——射电源——谈起，它们每时每刻都在发射大量的无线电波。

早在 20 世纪 40 年代后期，英国天文学家马丁・赖尔（Martin Ryle，1918—1984）就领导剑桥大学的射电天文小组，测定了 50 个射电源的位置，并于 1950 年刊布了《剑桥第一星表》，简称 1C 星表。1955 年他们又发表了《剑桥第二星表》，即 2C 星表。更著名的是 1959 年发布的《剑桥第三星表》，即 3C 星表，许多重要的射电源就是以 3C 加上在这份星表中的序号命名的，例如 3C48、3C273 等。

许许多多射电源，都是直接用射电望远镜在天空中搜寻到的。它们究竟是些什么样的天体？倘若用光学望远镜进行观测，能不能进一步看清楚它们的真面目？从 20 世纪 50 年代末开始，天文学家们想要揭开这层神秘面纱的愿望变得越来越迫切了。

通常这些射电源都十分庞大，例如，它们可以是遥远的星系。然而在 1960 年，美国天文学家桑德奇和加拿大天文学家马修斯（Thomas Arnold Matthews, 1927 年生）首次发现了情况并非完全如此。他们用当时世界上最大的光学天文望远镜——美国帕洛玛山天文台口径 5.08 米的巨型反射望远镜（图 61），仔细搜索一些小得异乎寻常的射电源，第一次在照相底片上找到一个位置恰好与射电源 3C48 完全相合的恒星状天体。1962 年，英国天文学家哈泽德（Cyril Hazard，1928 年生）又识别出射电源 3C273 的位置与一个视星等为 13 等的恒星状天体密切吻合。几年之内，人们发现了好些这样的天体，奇怪的是它们的光谱都很特别，其中的光谱线早先在任何恒星光谱中都从未见过。

图 61　美国帕洛玛山天文台口径 5.08 米的巨型反射望远镜

1963 年,旅美荷兰天文学家马丁·施密特(Maarten Schmidt,1929 年生)也用帕洛玛山的 5.08 米反射望远镜拍摄 3C273 的光谱,并成功地辨认出其中那些奇怪的光谱线其实就是氢原子产生的谱线，但是其红移量非常大,达到了 0.158。3C48 的光谱线也与 3C273 的光谱相似,而它的红移量更大,达到了 0.367。巨大的红移量使得原本处于光谱紫端的那些谱线竟然移到了光谱的绿区、黄区、红区甚至红外区,人们起初不明究竟,自然觉得好奇费解,正是施密特的发现解开了困扰国际天文学界 3 年之久的这个谜团。

1965 年,桑德奇又发现有些天体并不发射无线电波,但它们的光谱线也有同样巨大的红移。最后，人们将这两种貌似恒星而又并非恒星的天体统称为“类星体”。类星体是前所未知的一类全新的天体,也是 20 世纪 60 年代最重大的天文发现之一。到 20 世纪末，天文学家发现的类星体已经数以万计。

类星体的巨大红移，是天文学中最惑人的疑谜之一。如果认为这种巨大红移的起因是多普勒效应，那就可以推算出类星体的退行速度高达每秒几万千米。例如,根据类星体 3C273 的红移量为 0.158,可推算出其退行速度达 47 000 千米/秒,再由哈勃定律又可推断它距离我们几乎远达 20 亿光年。再如,一个红移量为 5.0 的类星体,其相应的退行速度超过光速的 9/10,即超过 270 000 千米/秒,根据哈勃定律可知,它同我们的距离超过了 100 亿光年。

然而,类星体果真如此遥远吗?

对这个问题的回答,并不像乍一看那么容易。你看,如果将太阳那样的普通恒星移到 320 000 光年那么远,它的视星等便为 24 等,我们几乎就看不到它了；如果将仙女星系 M31 这么巨大的旋涡星系移到 20 亿光年的距离上，那么它就会暗到 20.5 等，这要比 3C273 的视亮度暗上 1 000 倍；而如果将 M31 移到 100 亿光年远处，那我们就难以再看见它了。然而，类星体在那么遥远的地方，却仍然亮得足以让天文学家把它们的光谱拍摄下来。由此可见，一个普通的类星体辐射的光能量甚至比一个巨大的星系还要多。可是另一方面，类星体又是那么小，以至于看上去仿佛只是一个恒星似的光点。有什么方法能够在那么小的体积中产生那么多的能量呢？

在找到令人满意的答案之前，有人开始怀疑了：类星体究竟是不是那么远不可及？

倘若它实际上并不那么遥远，而是在我们银河系之内的话，那么按其视亮度推算，它的发光能力也就与寻常的恒星相差不远了。假如这样的话，那么类星体的巨大红移也就并不一定是巨大的退行速度造成的了。然而，如此一来，又有什么原因能造成如此巨大的红移呢？这又是一个新难题。

诚然，本书的目的并不是详细地探讨类星体的奥秘，但是类星体的"红移—距离之谜"却表明，只有深入地弄清它们有多远，才能更深刻地认清它们的本质。如今，多数天文学家都已认同，类星体是星系一级的天体，在类星体的中央存在着一个超大质量的黑洞——其质量相当于 10 亿个太阳的总和！当四周的物质因受到这个黑洞的巨大引力而沿着螺旋状的轨迹向它下落时，就会释放出极其可观的巨额能量，这便是类星体神秘的能源之所在。

大自然的景色丰富多彩，宇宙中的奥秘无穷无尽。它们披戴的神奇面纱,正期待着人类以无尽的智慧去逐一揭开。如今,人们已经向茫茫太空派出自己的“使者”。在飞出地球、探测月球和各大行星之后,紧接着便是飞出太阳系了。

飞出太阳系

相传至迟在1608年,荷兰眼镜匠利帕希(Hans Lippershey,1570—1619)的一个学徒趁其不在,拿了两块透镜一前一后叠置在眼前聊以自娱,却意外地发现远处教堂上的风标竟然变得又大又近了。当学徒将自己的发现告诉师父时,一点也没有因为工作懈怠而挨骂。因为利帕希立刻明白了这个发现非同小可。他将透镜装入金属管内使之便于握持,然后将其奉呈政府用于军事。当时,荷兰正在抵抗强敌西班牙的侵略,望远镜使荷兰海军能够在西班牙舰队发现他们之前先看见对方,从而处于优势地位并赢得了最后胜利。

望远镜为人类认识宇宙立下的功勋,远远超出了将它用于战争。我们已经从测量天体距离这个侧面看到了这一点。然而,也像打仗一样,假如能派出自己的侦察英雄深入敌人的心脏,那么他就能获得无论用多大的望远镜也看不到的详情细节。确实,人类已经将许多优秀的侦察员派往茫茫太空,它们便是众多的宇宙飞船。

人类已经登上了月球,如图62。迄今为止,共有12名美国宇航员在距离地球384 400多千米的月球上安放科学仪器,进行科学考察,取回月岩样品,从而获得了大量有关月球的全新消息。随着21世纪的来临，一些国家相继投入新一轮的探月活动。中国也在2004年开始实施自己的探月计划——嫦娥工程。2007年10月24日，“嫦娥一号”无人探月卫星发射成功，它利用所搭载的科学仪器在绕月轨道上对月球进行多方位的探测，获得了大量宝贵的科学数据。2010年“嫦娥二号”成功探月，因为更新了探测设备并降低了绕月飞行的轨道高度，所以它的探测精度较前又有了提高。2013年12月，“嫦娥三号”在月球表面软着陆，并带去了一辆可在月面上行驶的“玉兔号”月球车。“嫦娥三号”创造了在月球上工作时间最长的月球探测器世界纪录，并且拍摄了人类获得的最清晰的月面照片。“嫦娥三号”所获得的大量科学数据，面向全球科学家开放共享。在未来的岁月里，中华儿女还将亲临月球，完成预定的工作并安全返回地球家园。

图62　1969年7月21日人类在月球上踩下了第一个脚印

除月球外，人类还没有踏上过地球以外的其他世界。不过，无人驾驶的宇宙飞船同样是人类派往茫茫太空的忠实信使。早在20世纪

70 年代，美国的一系列“水手号”和“海盗号”飞船已经卓有成效地访问了水星、金星和火星。21 世纪伊始，各国的新一轮火星探测又获得了许多崭新的成果。看来，人类很有希望在 2030 年前后登上火星。中国的火星探测也在积极酝酿之中。

1972 年 3 月，美国国家航空航天局发射了第一个木星探测器“先驱者 10 号”，1973 年 4 月又发射了第二个木星探测器“先驱者 11 号”，如图 63。在此后的岁月中，它们都出色地完成了考察木星的任务，继续远走高飞。1980 年，“先驱者 10 号”距离太阳已经和天王星一样远。大约在 80 000 年以后，这艘飞船将会飞到距离太阳 1 秒差距的地方。“先驱者 11 号”于 1979 年 9 月初与土星会合，后来也像“先驱者 10 号”那样飞离了太阳系。

图 63　外形和结构完全相同的“先驱者 10 号”和“先驱者 11 号”探测器，有一个未发射升空的备份“先驱者 H”，陈列在美国首都华盛顿市的国家航空和航天博物馆中

这两位星际旅行的"先驱者",各带着一块同样的金属饰板。板上画有如图 64 那样的图案。它表示出"先驱者"是从哪儿出发的,也画出了地球上最高等生命的形象:一个男人和一个女人。这两个人的背景是"先驱者"飞船本身的外形轮廓,它清楚地表明人的高度大约是飞船宽度的 2/3。飞船带上这么一块金属饰板的目的,是为了有朝一日当它遇上"宇宙人"——别的星球上的高级生命的时候,好让那些聪明的生物知道这艘飞船的来历,并且让他们知道:茫茫太空中还有一个一直在想念他们的文明种族,这便是人。

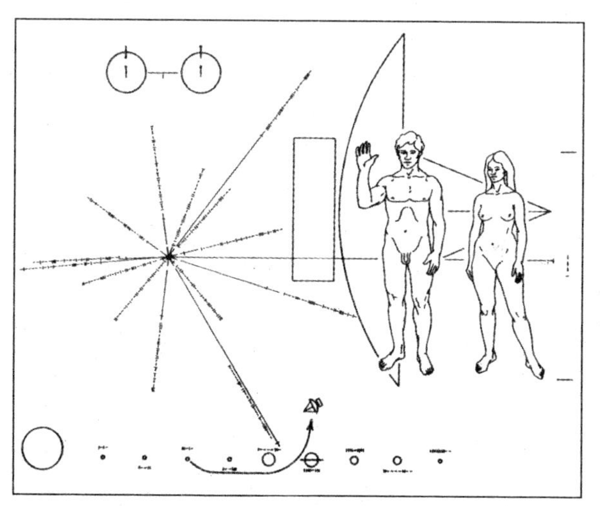

图 64　"先驱者 11 号"携带的金属饰板

左下角的大圆圈代表太阳,旁边一排小圆圈代表各个行星,其中第三个是地球,从地球出发的那个弯曲箭头表明,"先驱者号"探测木星以后将继续向远方飞去

科学家们为了探索宇宙的奥秘,研究天体与生命的起源和演化,才不惜耗费巨额的人力、财力和物力,千方百计地去与迄今不知在何

方的“宇宙人”取得联系。就像平时交朋友一样，地球人首先借助于上述金属饰板——它们宛如“地球的名片”，向那些“远方的朋友”作自我介绍。

追随着“先驱者”的足迹，1977 年又有“旅行者 1 号”和“旅行者 2 号”两艘宇宙飞船上了天。它们也是美国国家航空航天局发射的。它们的结构和所带的仪器完全相同，就好像一对孪生兄弟。它们的体重都是 825 千克。由于“旅行者 1 号”出发前有了故障，因此只好让“旅行者 2 号”于当年 8 月 20 日先发射，“旅行者 1 号”推迟到 9 月 5 日再出发。它们沿着互不相同的轨道前行，结果在 1979 年 3 月 5 日，后出发的“旅行者 1 号”反而先飞越木星，同年 7 月 9 日“旅行者 2 号”也如期抵达，它们对木星的考察成果较“先驱者”更为丰富，如图 65。1980 年 11 月，“旅行者 1 号”飞越土星并对它进行考察研究。“旅行者 2 号”则于 1981 年 8 月飞越土星，1986 年 1 月 30 日飞越天王星，1989 年越过海王星而继续飞离太阳系。必须经过几十万年，这些“旅行者”才有希望遇上另一颗恒星。

图 65 “旅行者号”探测器飞临木星

“旅行者”也带有人类献给自己的太空朋友“宇宙人”的高贵礼品——一套直径 30.5 厘米的“地球之音”镀金铜质唱片，其内容是由一些著名的科学家、音乐家和教育家精心收集的。它录制了有关人类起源和发展的各种信息，并不断地向星际空间播放。

"地球之音"共包含115张照片和图表，其中有一张是我国八达岭的长城雄姿，另一张是中国人的午餐场景；35种既生动又形象的自然音响，其中有风雨雷鸣和海浪拍岸，有鸟语兽吼和人笑婴啼；55种语言的问候语，其中包括英语、德语、法语、日语、俄语，还有我国南方的3种方言：广东话、厦门话和客家话；27种世界名曲，它们是地球上不同时代、不同地区和不同民族的音乐，其中不仅有贝多芬、巴赫等大师的杰作，而且有用中国古琴演奏的古曲《流水》。此外，还有用科学语言说明如何使用"地球之音"的唱片，以便先进的"宇宙人"能将模拟形式的电子信号转变成照片、图表和印刷符号（文字）。每张唱片装入一个铝制保护罩，它可以在太空中保存10亿年。

"地球之音"响彻太空，然而它能否遇上"知音"却颇成问题。而且，只有当它遇上与人类相当，甚至比人类更先进的智慧生命时，这一切才不至于统统成为"对牛弹琴"。"地球之音"还备有当时的联合国秘书长瓦尔德海姆亲自口述的贺电和时任美国总统卡特亲签的电文，他们都向"宇宙人"表达良好的祝愿。这一切，都表明人们对地外文明抱有强烈的希望和兴趣。尽管这些努力在短时期内看来很难取得什么实际效果，但它毕竟是从我们的摇篮——地球（或者说太阳系）迈出的第一步。人类应该为自己战胜太阳的巨大引力而自豪。何况"先驱者"和"旅行者"对木星、土星、天王星、海王星的探测也确实卓有成效。它们毕竟已经使我们对自己这个行星系统的了解猛增了上千倍。

结 束 语

远远的街灯明了，
好像是闪着无数的明星。
天上的明星现了，
好像是点着无数的街灯。
……

星星的世界广阔无垠。古人对此不甚了解，才会想象牛郎织女一年一度的“鹊桥相会”。如今看来，“天河横渡”真是谈何容易。

牛郎织女两星相距16光年，现代的高速飞机（1千米/秒）要5 000 000年才能飞到；打个电报，电波来回一趟也得32年。同情牛郎织女不幸遭遇的诗人，曾经写下动人诗句“今年七月闰，应得两回归”，然而，这只是他的好心罢了，耿耿天河何能一年两渡呢？

也许有人要因此而悲观了：看来人类永远没法飞向遥远的星球啦！您想，即使乘上像光一样快的火箭飞往并不算太远的天津四，那也得飞上1 600年，谁能在这样的旅行中活着到达终点呢？

但是话说回来，20世纪最伟大的物理学家爱因斯坦（Albert Einstein，1879—1955）创立的“狭义相对论”告诉我们，如果物体的运动速度极快，那么由静止或慢速运动的观察者看来，就会发现它的时间进程变得缓慢了。如果火箭的前进速度快到与光速只相差1/1000，即达到 299 493 千米/秒的话，那么当地球上的新生婴儿变成百岁老人时，火箭中的人才老了四岁半。当这艘火箭到达天津四时，其中的旅客也只是增加了 72 岁，将来的人很长寿，72 岁又算得了什么呢？

由于同样的原因，假如有一对双生子，一个称为哥哥，一个叫作弟弟。弟弟一直生活在地球上，哥哥却当上了宇宙飞行员，登上超高速飞船到太空去旅行了。哥哥拜访了牛郎，问候了织女，重返地球时他依然是个朝气蓬勃的青年；可是到宇宙飞船门口迎接他凯旋的弟弟却早已成了年逾古稀的老者。你看，这是多么有趣的场面啊！如图 66。

图 66　双生子的不同经历

我们还应该站在宇宙飞船中旅客的立场来看一下，为什么在自己短短的一生中竟能飞到远在 1 600 光年之外的天津四呢？

事情原来是这样：当他乘着这艘超高速飞船旅行时，便发现从地球到天津四的距离竟然“缩短”了——它已经变得只有 71.5 光年了，宇宙旅客的飞行速度是 0.999c（c 是光速），于是他在 72 年之内到达了这个目的地。

这便是“狭义相对论”中著名的“尺缩钟慢”效应。读了这几行字，有人也许会产生比它多出 100 倍的疑问。那么，你不妨再去读一点有关相对论的书籍，那可是一个趣味无穷的新天地呢！

在这本小册子中，我们并没有讲尽测量天体距离的一切方法。例如，还有利用“移动星团”成员星的运动情况求“星群视差”，由双星的“轨道要素”求它们的“力学视差”，运用统计方法求一群具有共同特征的恒星的“平均视差”，如此等等。然而，我们已经筑成直通迄今所知最远天体的“距离阶梯”，也回答了“星星离我们有多远”这个问题。于是，这个未讲完的故事也可以告一段落了。

人类已经把自己的目光投向远达 100 多亿光年的太空深处。在这个范围以外的情况，目前我们并不很清楚。然而，人类的认识能力是无穷的。飞向太空的道路崎岖不平、艰难曲折，征服宇宙的前景却又广阔无边，美不胜言。

人类的视野正在继续扩大着，而且它还将不断地扩大、扩大、再扩大……

后　　记

60多年前，我刚上初中时读了一些通俗天文作品，逐渐对天文学产生了浓厚的兴趣。50多年前，我从南京大学天文学系毕业，成了一名专业天文工作者。几十年来，我对普及科学知识始终怀有非常深厚的感情。

我记得，美国著名天文学家兼科普作家卡尔·萨根（Carl Sagan，1934—1996）在其名著《伊甸园的飞龙》一书结尾处，曾意味深长地引用了英国科学史家和作家布罗诺夫斯基（Jacob Bronowski，1908—1974）的一段话：

> 我们生活在一个科学昌明的世界中，这就意味着知识的完整性在这个世界起着决定性的作用。科学在拉丁语中就是知识的意思……知识就是我们的命运。

这段话，正是“知识就是力量”这一著名格言在现时的回响。一个科普作家、一部科普作品所追求的最直接的目的，正是启迪人智，使人类更好地掌握自己的命运。普及科学知识，亦如科学研究本身一样，对于我们祖国的发展、进步是至为重要的。天文普及工作自然也不例外。

因此，我一直认为，任何科学工作者都理应在普及科学的园地上洒下自己辛劳的汗水。你越是专家，就越应该有这样一种强烈的意识：与更多的人分享自己掌握的知识，让更多的人变得更有力量。我渴望在我们国家出现更多的优秀科普读物，我也希望尽自己的一分心力，为此增添块砖片瓦。

1976年10月，十年"文革"告终，我那"应该写点什么"的思绪从蛰伏中苏醒过来。1977年初，应《科学实验》杂志编辑、我的大学同窗方开文君之约，我满怀激情地写了一篇2万多字的科普长文《星星离我们多远》。在篇首我引用了郭沫若1921年创作的白话诗《天上的市街》，并且构思了28幅插图，其中的第一幅就是牛郎织女图。同年，《科学实验》分6期连载此文，刊出后反映很好。

在科普界前辈李元、出版界前辈祝修恒等长者的鼓励下，我于1979年11月将此文增订成10万字左右的书稿，纳入科学普及出版社的"自然丛书"。1980年12月，《星星离我们多远》一书由该社正式出版，责任编辑金恩梅女士原是我在中国科学院北京天文台的老同事，当时已加盟科学普及出版社。

每一位科普作家都会有自己的偏爱。在少年时代，我最喜欢苏联作家伊林（Илья Яковлевич Ильин-Маршак，1895—1953）的通俗科学读物。从30来岁开始，我又迷上了美国科普巨擘阿西莫夫（Isaac Asimov，1920—1992）的作品。尽管这两位科普大师的写作风格有很大差异，但我深感他们的作品之所以有如此巨大的魅力，至少是因为存在着如下的共性：

第一，以知识为本。他们的作品都是趣味盎然、令人爱不释手的，而这种趣味性则永远寄寓于知识性之中。从根本上说，给人以力量的正是知识。

第二，将人类今天掌握的科学知识融于科学认知和科学实践的历史进程之中，巧妙地做到了“历史的”和“逻辑的”统一。在普及科学知识的同时，钩玄提要地再现人类认识、利用和改造自然的本来面目，有助于读者理解科学思想的发展，领悟科学精神之真谛。

第三，既讲清结果，更阐明方法。使读者不但知其然，而且更知其所以然，这样才能更好地开发心智、启迪思维。

第四，文字规范、流畅而生动，决不盲目追求艳丽和堆砌辞藻。也就是说，文字具有质朴无华的品格和内在的美。

效法伊林或阿西莫夫这样的大家，无疑是不易的，但这毕竟可以作为科普创作实践的借鉴。《星星离我们多远》正是一次这样的尝试，它未必很成功，却是跨出了凝聚着辛劳甘苦的第一步。

再说《科学实验》于1977年底连载完《星星离我们多远》之后8个月，香港的《科技世界》杂志上出现了一组连载文章，题目叫作《星星离我们多么远》，作者署名“唐先勇”。我怀着好奇的心情浏览此文，结果发现它纯属抄袭。我抽查了1500字，发现它与《科学实验》刊登的《星星离我们多远》的对应段落仅差区区3个字！

这件事促使我在一段时间内更多地思考了一个科普作家的道德问题。首先，科普创作要有正确的动机，方能有佳作。从事科学事业——无论是科研还是科普——的人，若将目光倾注于名利，则未免可悲可叹。我们应该记住贝多芬的一句名言："使人幸福的是德性而非金钱。这是我的经验之谈。"

其次，是"量"与"质"的问题。曾有人赐我"高产"二字，坦率地说，我对此颇不以为然。我钦佩那些既能"高产"又能确保"优质"的科普作家。然而，相比之下，更重要的还是"好"，而不是单纯的"多"或"快"。这就不仅要做到"分秒必争、惜时如命"，而且更必须"丝毫不苟、嫉'误'似仇"了。

《星星离我们多远》一书出版后，获得了张钰哲、李珩等前辈天文学家的鼓励和好评，也得到了读者的认同。1983年1月，《天文爱好者》杂志发表了后来因患肝癌而英年早逝的天文史家、热情的科普作家刘金沂先生对此书的评介，书评的标题正好就是我力图贯穿全书的那条主线："知识筑成了通向遥远距离的阶梯"（见本书附录二）。1987年，《星星离我们多远》获中国科协、新闻出版署、广播电视电影部、中国科普创作协会共同主办的"第二届全国优秀科普作品奖"（图书二等奖）。1988年，《科普创作》第3期发表了中国科学院学部委员（今中国科学院院士）、时任北京天文台台长王绶琯先生的文章《评〈星星离我们多远〉》（见本书附录一）。

光阴似箭，转瞬间到了1999年。当时，湖南教育出版社出版了一套《中国科普佳作精选》，其中有一卷是我的作品《梦天集》。《梦天集》由三个部分构成，第一部分《星星离我们多远》系据原来的《星星离我们多远》一书修订而成，特别是酌增了20年间与本书主题密切相关的天文学新进展。

又过了10年，湖北少年儿童出版社的“少儿科普名人名著书系”也相中了《星星离我们多远》这本书。为此，我又对全书作了一些修订，其要点是：

第一，增减更换大约三分之一的插图。1980年版的《星星离我们多远》原有插图62幅，1999年版的《梦天集》删去了其中的16幅，留下的46幅图有的经重新绘制，质量有所提高。但是，被《梦天集》删去的某些图片，就内容本身而言原是不宜舍弃的。于是我又再度统筹考虑，增减更换了约占全书三分之一的插图，使最终的插图总数成为66幅，其整体质量也有了明显的提高。

第二，正文再次作了修订，修订的原则是“能保持原貌的尽可能保持原貌，非改不可的该怎么改就怎么改”。例如：2006年8月国际天文学联合会通过决议将冥王星归类为“矮行星”，原先习称的太阳系“九大行星”剔除冥王星之后还剩下八个；于是，书中凡是涉及这一变动的地方，都做了恰当的修改。

第三，自1980年《星星离我们多远》一书问世几十年来，既然有了上述的种种演变，不少朋友遂建议我借纳入“少儿科普名人名著书系”之机，为这本书起一个读起来更加顺口的新名字:《星星离我们有多远》。

2016年年尾，忽闻《星星离我们有多远》已被列入“教育部新编初中语文教材”指定阅读书目。这真是始料未及的好事，我随即对原书再行审定修订。这一次，除与时俱进地继续更新部分数据资料外，更具实质性的变动有如下几点：

第一，增设了一节“膨胀的宇宙”。发现我们的宇宙正在整体膨胀，是20世纪科学中意义极其深远的杰出成就，它从根本上动摇了宇宙静止不变的陈旧见解，深深改变了人类的宇宙观念。而在天文学史上，导致这一伟大发现的源头之一，正在于测定天体距离的不断进步。

第二，将原先的"类星体距离之谜"一节改写更新，标题改为"类星体之谜"，使之更能反映天文学家现时对此问题的认识。

第三，在"飞出太阳系"一节中，扼要增补了中国的探月计划"嫦娥工程"，并说明中国的火星探测已在积极酝酿之中。

遥想1980年，《星星离我们多远》诞生时，我才37岁。弹指一挥间，正好又过了37年，而今我已经74岁了。一年多以前，年近九旬的天文界前辈叶叔华院士曾经送我16个字："普及天文，不辞辛劳；年方古稀，再接再厉！"这次修订《星星离我们有多远》，也算是"再接再厉"的具体表现吧，盼望少年朋友们喜欢它！

承蒙王绶琯院士慨允将书评《评〈星星离我们多远〉》、刘金沂夫人赵澄秋女士慨允将书评《知识筑成了通向遥远距离的阶梯》作为本书附录，谨此一并致谢。

卞毓麟

2017年暮春于上海

附录一　评《星星离我们多远》[1]

王绶琯

进入现代科学的天文学，是从测量天体的距离发端的，同样大的目标放得近就显得大，放得远就显得小；同样亮的目标放得近就显得亮，放得远就显得暗。所以不论是用眼睛还是用望远镜观测天体，如果不知道天体的距离，所看到的只能是它们的表观现象而不是实质。

---

① 原载《科普创作》1988 年第 3 期，文前有“编者的话”，现照录如下：

[编者的话] 王绶琯同志是中国科学院学部委员、北京天文台台长，他在射电天文学方面是一位闻名世界的科学家，工作当然很忙。可是他十分重视科普工作，尤其是积极鼓励年轻人从事科普写作，不仅如此，在百忙中他还抽出时间来亲自动笔撰写评论文章，赞许晚辈的写作成就，这就更加难能可贵了。王绶琯同志一面向广大读者介绍这本书的内容，为什么要用这个书名——《星星离我们多远》，一面评述作者的写作思路和方法，它的优点在哪里。我们欢迎老科学家多多出面给年轻人鼓气，让更多的年轻人参加科普创作的队伍；还要请老科学家多多动笔给年轻人的作品写评论。

例如看过去月亮和太阳就差不多一般大小，但是它们的本质却是相差很远的。

天体的距离是如此之大，除了太阳系内几个有限的目标可以用直接测量(我们在这里把雷达和激光测距也看作是直接测量)的方法定出距离外，其余的都必须借助于某些物理模型和推理。这样，从“近”处的太阳和行星，到以光年到万光年计的恒星和银河系中的其他天体，再到以百万光年直到百亿光年计的河外天体，需要有各种不同的“量天尺”来估计它们的距离。这不但涉及通常在计量工作上需要考究的测量精度、定标等，还必须涉及基于目前我们对天体的理解而采用的各类物理模型，如变星的“周光关系”，星系的“红移”规律，等等。

把这一切串起来看，是由近到远，不同层次上的一把把“量天尺”的设置与接力，每把“量天尺”的设置都涉及当代天文学上既基本又尖端的问题。因此既要把每一部分各不相同的问题介绍清楚，又要能贯穿起来做到全局脉络分明，不能不说也是科普工作中的一个“既基本又尖端的问题”。

《星星离我们多远》这本小册子成功地处理了这个问题。作者用陈述故事的方式把历代天文学家创造“量天尺”的过程放到科学原理的叙述中，这样既介绍了科学知识又饶有兴味地衬托出历史人物和背景。

作者在第三章中叙述了用三角法测量月亮（以及其他合适的天文目标)的距离，作图说明，清楚易懂，拉卡伊等的故事也用得很好。

第四章颇难写好。作者用几页篇幅介绍了开普勒和开普勒定律，很生动。最后通过易懂的数学式与表介绍了开普勒第三定律，为后面的说明开了路。作者地心视差表达也很有条理，这些使得这一章读起来节节深入、弄懂问题。金星凌日是一个重要的方法，但需要转一个弯，似乎可以再用一些笔墨。

第六章说明恒星视差和光行差，这较易表达。作者借助于贝塞尔测量天鹅 61 的过程指出选择较近的恒星以验证三角视差法的诀窍，然后介绍了三角视差方法及其限度，这也是富有启发意义的。

用测量恒星亮度的方法测量更远的恒星距离是对三角视差法的很自然的接力。这需要对各类恒星建立“标准烛光”。作者在第七章里介绍了用恒星分光光谱定“标准烛光”的方法。这也是一般比较不易说清楚的部分。作者先介绍了星等和绝对星等的概念，接着说明了恒星光谱型和星等的关系，然后说明用分光视差法的可行性和局限性，铺叙上深入浅出，逻辑分明。

这种用恒星作“标准烛光”的方法只能使用到现有望远镜测得出光谱的恒星，对更远的恒星则无能为力。一个偶然但是非常精彩的发现使人们认识到某些变星有着光度与变光周期的一一对应关系，因此可以用它们的变光周期来作为“标准烛光”。这样只需要测量变星的亮度，而不需要难测得多的光谱，可以比分光视差方法测得更远。作者在第九章里生动地介绍了这种更长的“量天尺”。

比变星更亮的“标准烛光”是一些亮星，特别是一些特殊的极高光度的新星和超新星，它们可以作为更长的“量天尺”，但是精度差一些。

再长的“量天尺”只能由多个恒星组成的星团和星系来担任。这里再次涉及“接力”问题,以及相应天体本身的分类以定出“标准烛光”的问题。这是粗糙的但可以“量”得更远的方法。又一个偶然而精彩的发现是星系的“红移”规律。把它应用到星系和类星体,可允许量到目前观测所能及的遥远宇宙范围。这些方法的原理、作用和困难,作者在第十、十一章中渐次作了系统的介绍。

综上所述，全书介绍了从近处的月亮到极远处的类星体的距离的量、估,包含了大量的天文知识和历史知识。作品立意清新,铺叙合理,文笔流畅,是近年来天文科普中一本值得向广大读者推荐的佳作。

附录二　知识筑成了通向遥远距离的阶梯
——读《星星离我们多远》[1]

刘金沂

光速为30万千米/秒，连《西游记》中的孙大圣也望尘莫及！然而星星之间的距离就是光子也要叫远不迭。使用光在一年内所走的路程——光年为尺子来测量星星间的距离，我们现在所知道的最遥远的星系离我们达一百多亿光年！许多人会问，这么遥远的距离是怎样测量出来的，天文学家到底有什么神通能测出这样远的距离？他

① 原载《天文爱好者》1983年第1期。刘金沂，男，1942年生，1964年毕业于南京大学天文学系。在中国科学院自然科学史研究所工作多年，是一位有影响的天文史家，也是一位充满激情的科普作家。1987年春节期间，刘金沂因肝癌久治无效逝世，年仅45岁。

们的科学根据何在？这些问题并非三言两语可以讲清的。1980 年底，科学普及出版社出版了《星星离我们多远》一书，系统全面地解答了这些问题。该书语言生动、深入浅出，条理清晰、趣味盎然，是近年来天文科普作品中的佳作。

天文学是一门奥妙无穷，令人神往的学科。它的研究目标绝大部分是遥远的天体，它们看得见，摸不着，有的甚至只能通过巨型望远镜，用照相方法经过很长的曝光时间才能在底片上留下点点影像。天文学家面对着这些对象，要测量它们的距离非得有特殊的手段和方法不可，这正是天文科学的特点之一。本书首先抓住了天文学的这一特点把读者引到了宇宙深处。

接着，作者以洒练的笔墨叙述了测量天体距离的各种方法。这是一张时间的进程表，也是一张知识积累的进程表。从人们在地面上经常做的开始：要测量烟囱的高度，测量河流的宽度，无需爬高，无需渡河，只要在两个不同地点观测，通过适当计算就能求得。这就是利用视差的原理测距离。最初测量天体距离的方法就是三角视差法。天文学家用三角视差法测得了第一批天体的距离，它们都不超过 300 光年远，再远就无能为力了。于是，“接力棒”传给了分光视差法利用恒星的光谱差别求距离，使测距达到 30 万光年左右。又因为远星太暗无法得到光谱，分光法失去威力。造父变星的周光关系接替了分光视差法，可以求得远达 1500 万光年之遥的星系距离。对于更遥远的星系，因找不到造父变星又使测距处于困境。此时新星和超新星以其突发的巨大光度给天文学家送来了佳音，测量距离的尺子又向宇宙深处延伸了，利用超新星使可测距离达到 50 亿光年左右。然而超新星的光度还是“敌”不过距离的增大，对那些深空中的星系已无法辨认其个别恒星，连超新星也不可单独分离出来，而且不是所有的星系都能在短时期内找到超新星。这时只有靠星系的视大小和累积星等来判知距离了。后来，正当天文学家面对无涯的宇宙束手无策的时候，柳暗花明，星系的普遍红移又送来了一把巨尺，测距范围扩展到100亿光年的地方。

作者从丰富的资料中恰当裁剪，使全书贯穿着这一主线，由浅入深，由近及远，层层推开。不时伴有天文学家的趣闻轶事，发明史话，关键处常有构思巧妙的插图阐明文意，把读者带进了天文学家探索宇宙空间的艰巨行程之中，困难时为之焦虑，胜利时为之欢乐，有时又不禁为科学家的巧妙方法叫绝。读完这本书，会使你感到，天文学家凭着不懈的努力，借助天体送来的微弱光芒，征服了百亿光年的巨大空间，真是比一根头发丝上雕刻出雄壮场面的画卷有过之而无不及。然而他们毕竟胜利了，这是人类无穷智慧的象征。

这既是一本向你介绍知识的书，也是一本启迪思维的书。作者在叙述每种测距方法的时候，既不是平铺直叙，也不是只讲结果，而是伴之以发展过程，显示出天文学家解决问题时的思路，这种“与其告诉结果，不如告诉方法”的手法会使读者受益更多。最后作者还将类星体的距离之谜展现在读者面前，这是一个尚未解决的问题，给读者留下了思考的余地。

星星离我们的距离极其遥远，人们探索天体距离的努力连续几千年，要在一本小书里描写这一切是不容易的事。作者用通俗流畅的语言，浅显易懂的比喻讲清了许多常人没有接触过的概念，还用两段间奏巧妙地将不连续的片段衔接起来，使全书浑为一体。书末，作者稍稍离开主题，以宇宙航行和希求跟“宇宙人”建立联系的努力丰富了读者的想象力，把人们带到了拜访牛郎、问候织女、归来仍年青的奇妙境界。

读完全书，掩卷回味，古往今来人们仰望天空，繁星点点、耿耿天河，天阶夜色、秋夕迷人，多少人为之陶醉，多少人赋诗抒怀。《星星离我们多远》一书却为我们展示了天文学家如何兢兢业业，利用各种巧妙方法测量天体距离的历程。我国著名天文学家、紫金山天文台台长张钰哲先生说，这是近年来写得很好的一本书。

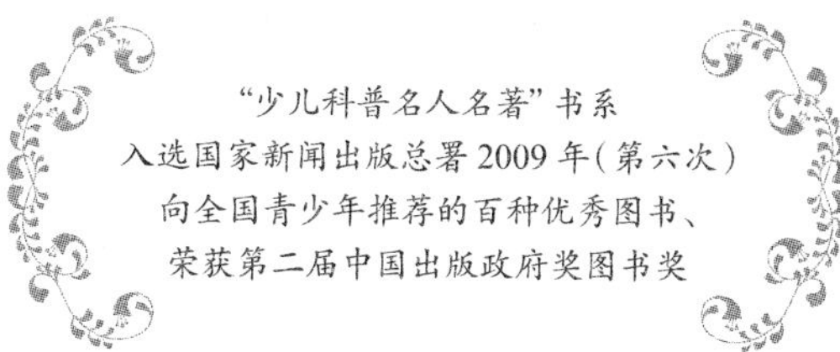

图书在版编目(CIP)数据

星星离我们有多远/卞毓麟著. -- 武汉:长江少年儿童出版社,2020.9
(少儿科普名人名著书系:典藏版)
ISBN 978-7-5721-0911-9

Ⅰ.①星… Ⅱ.①卞… Ⅲ.①天文学-少儿读物 Ⅳ.①P1-49

中国版本图书馆CIP数据核字(2020)第165066号

星星离我们有多远 | 少儿科普名人名著书系:典藏版

出品人/何龙　**选题策划**/何少华　傅箎　**责任编辑**/易力　罗曼
营销编辑/唐靓　**装帧设计**/武汉青禾园平面设计有限公司
出版发行/长江少年儿童出版社　**业务电话**/027-87679105
督印/邱刚　**印刷**/武汉中科兴业印务有限公司
经销/新华书店湖北发行所　**版次**/2021年1月第1版　**印次**/2021年1月第1次印刷
开本/680×980　1/16　**印张**/11.25　**定价**/28.00元